JN086821

カーム・テクノロジー

生活に溶け込む情報技術のデザイン

Calm Technology

Principles and Patterns
for Non-Intrusive Design

アンバー・ケース 著
高崎拓哉 訳
mui Lab 監修

Calm Technology

Principles and patterns for non-intrusive design

This translation is published and sold by permission of O'Reilly Media, Inc., which owns or controls all rights to publish and sell the same through Japan UNI Agency,Inc., Tokyo.

This Japanese edition is published by BNN,Inc.
1-20-6, Ebisu-minami, Shibuya-ku, Tokyo 150-0022 JAPAN
www.bnn.co.jp

凡例
・訳注、編注は [　] で括り、本文内に示した。
・原著の脚注は＊で示し、頁下に記載した。

推薦の言葉

「ガジェットやセンサー、警告、通知、振動、データ、デジタル・インターフェースがかつてなく複雑化したこの世界では、価値あるものもないものも含めて、人間の注意を引こうとする無数の選択肢に社会が圧倒される危険性がある。デザイナーと技術者は、それぞれが下したプロダクトとサービスに関する決断が、直接のユーザーだけでなく、ユーザーの生態系全体に与える影響を考える必要がある。本書はそのことを実例に基づいて明らかにし、思慮深く賢明な21世紀の作り手になる方法を指摘する」

——ジェフ・ゴーセルフ
『Lean UX——リーン思考によるユーザエクスペリエンス・デザイン』著者

「一見シンプルで明快な本書は、カーム・テクノロジーのパイオニアであるワイザーとブラウンの先駆的取り組みと、来たるモノのインターネット時代、つまり人と情報が常に交流する世界のデザイン課題をつなげ、その全体像を描き出す。実践的なアドバイスと、理論的な土台の両方がたっぷり詰めこまれ、今や世の中に普及したユビキタスコンピューティング時代のデザインをテーマに、デザインとテクノロジーのインタラクションをユーザー中心の鋭い視点で再評価する。本棚からたびたび取り出して参照したい本だ」

——アンドレア・レスミーニ
ヨンショーピング大学基金・上級講師

「ビジネスプランではなく、人間をサポートすることを重視したデザインの原則がついに登場した。テクノロジーが人間の邪魔をしたり、だましたり、いら立たせたりするのではなく、人間が思索にふけり、何かに没頭し、さらには息ができる時間と空間を生み出す世界を想像してほしい。アンバー・ケースはそうした現実を思い描くのみならず、そこへ到達する方法を教えてくれる」

——ダグラス・ラシュコフ
『Present Shock (現代のショック)』
『Throwing Rocks at the Google Bus (Googleバスに石を投げる)』著者

「本書『カーム・テクノロジー』の中で、アンバーはすぐに使えるカーム・インタラクションのデザインパターンと、その土台となる原則を紹介する。コンピュータを搭載したもの（要はなんでも）を作る人間の必読書だ」

——ジョシュ・マリナッキ
パブナブ社テクニカル・マーケティング・マネージャー

「点滅し、ビープ音を鳴らし、振動して注意を引こうとする常にオン状態のデバイスであふれたこの時代に、アンバー・ケースは穏やかなデザインというテーマにピントを合わせた書籍を、これ以上ないタイミングで書きあげた。日常生活の中でのテクノロジーへの依存度が高まる中、デザイナーやプロダクト・マネージャー、起業家は本書を読むことで、デザインが顧客の気分やウェルビーイングに与える影響にいっそう敏感になり、苛立ちや怒りではなく、静かで穏やかな気持ちを呼び覚ます体験のデザイン方法を学ぶことができる」

——クリスティアン・クラムリッシュ
7カップ・ドットコム社プロダクト部長
『*Designing Social Interfaces, 2nd Edition*（ソーシャル・インターフェースのデザイン、第2版）』
共著者

「この本が大好きだ。デザインに関する話し合いは技術面が中心になることが多いが、本書は人間から始まって、まずは示唆に富むガイドラインを示し、次に具体的なデザインのパターンを教え、さらには持ち帰って宿題にできるエクササイズも紹介する。今後のプロダクトデザインで使用していくであろう新たな語彙を生み出している」

——スコット・ジェンソン
グーグル社プロダクト・ストラテジスト

目 次

はじめに

　私がマーク・ワイザーとジョン・シーリー・ブラウンの論文「Designing Calm Technology（カーム・テクノロジーのデザイン）」をはじめて読んだのは、2005年のことだった。私は大学の2年生で、テクノロジーには強い関心があったが、専攻と研究内容は主に人類学で、当時は2つの分野が密接に結びついていることに気づいていなかった。テクノロジーのデザイン、もっと具体的に言えば、人間とデバイスとのコミュニケーションをデザインするには、人間の振るまいを理解することが大切だと気づきかけている段階だった。

　2005年はスマートフォンが市場に登場しだしたころで、一般的な携帯電話は、見栄えを整えた一種の無線機から、パソコンとまったく同じ機能を備えたデバイスへと生まれ変わり始めていた。やがてスマートフォンは、PCのユーザーインターフェースの課題を軒並み解決し、日常生活の中での存在感を増していく。そんなわけで私は、スマートフォンとそれが文化に与えた影響をテーマに卒業論文を書くのだが、その過程で出会ったのが、「Designing Calm Technology（カーム・テクノロジーのデザイン）」だった。90年代中盤に人とコンピュータの交流をテーマに書かれた論文で、知名度こそ低いが革新的だった。当時のゼロックス・パロアルト研究所には、異なるバックグラウンドのさまざまな技術者や人類学者が集まり、テクノロジーが人間の行動やウェルビーイングに与える影響を何年もかけて研究していたそうだ。

　中でも中心的なテーマが、小型デバイスのあふれる未来に最適なテクノロジーのデザインだった。そして私は、カーム・テクノロジーとその基礎研究が、インターネットの行方のみならず、社会そのものの行方を対象にしていることに気づいた。当時はあまり顧みられなかったが、もっと注目されてもいい話題だった。

図 P-1 1980年代のゼロックス・パロアルト研究所のコンピュータサイエンスラボ。インターネットのパイオニアであり、ラボの部長でもあるボブ・テイラーが、研究生と一緒にビーンバッグチェアに座り、非公式のミーティングを行っている[*1]。

　ワイザーとブラウンは、少なくとも 10 年は時代の先を行っていた。あまりにも先進的すぎて、いざ必要になったときには忘れられているおそれがあった。ワイザーはユビキタスコンピューティングという考え方の生みの親で、ブラウンとともに 1995 年、パロアルト研究所から発表された論文で「カーム・テクノロジー（穏やかな技術）」という概念を提唱した。この形で定着している呼び名だが、指している内容から言えば「カーム・インタラクション」、あるいはもっとシンプルな「カーム・デザイン」と言ったほうが近いかもしれない。

　そして、彼らの概念的な枠組みや助言、研究を活用するのに、今以上にふさわしい時代はない。私たちはこれから、帯域の危機はもちろん、人間らしい営みの喪失や、セキュリティやプライバシーの問題に行き当たる経験が増えていく。誰

＊1　　画像はパロアルト研究所の厚意で、許可を得て掲載している。©Xerox PARC

だって、はじめて使うアプリの設定を延々繰り返し、テクノロジーの復旧を待つばかりの暮らしはごめんだろう。ワイザーは、未来のテクノロジーとのやりとりは、デスクトップPCとのやりとりとは別ものになると言っている。その未来が、今やって来ている。

　2005年の私たちもまだ、モバイル機器の可能性の一端を目にしたところだったが、ワイザーとブラウンは80〜90年代の時点で、今のようなテレビやスマートフォン、タブレットなどのデバイス（2人は「パッド、タブ、ボード」と呼んでいた）でいっぱいの未来を思い描いていた。私は歳月とともに、2人の考え方が、テクノロジーの介在が増していく現代社会の本質を突いていることを実感していった。

　私の研究テーマは携帯電話と、コミュニケーションに必要な「社会的手がかり」、そしてインターフェース・デザインだった。だからすぐに、ユーザー体験（UX）とインタラクション・デザインを仕事にする道へ進み、ほとんどのテクノロジーが人間を助けるのではなく、人間の邪魔をしていることに気づいた。たとえばインターネットとつながったスマートフォンは、バッテリーの持ちが悪く、重いアプリケーションはなかなかスムーズに動作してくれない。小型デバイスは、これからどうやってこの問題を解決していくのだろうか。あらゆるデバイスがうるさいビープ音を鳴らしてくる中で、私たちはストレスがたまり、情報に圧倒されかけている。

　これからの10年は、こうした複雑でフラストレーションのたまる新しいコネクテッド・デバイスがどんどん登場するだろう。刺激的なデバイスの新時代だと口にする人は多いが、今抱えているテクノロジー絡みの問題は未解決のままだ。モノのインターネット（IoT）は、人間の問題を解決できなければ看板倒れに終わりかねない。デバイスは、自宅にあれば楽しいというだけでなく、便利でなければならないのだ。IoT時代の優れたテクノロジーは、ごくシンプルで、インターフェースは最小限である必要がある。だから私は、IoTの未来は優雅で、人間的で、さりげない「カーム・テクノロジー」が主役になると信じている。

　この本は、新世代のデバイス開発の原則を紹介するものだ。IoTを人間にとって有害ではなく、有益なものにするには、新しいツールと新しい視点が必要になる。驚いたことに、その視点は数十年前に未来を見据えていたワイザーらのチームがすでに示してくれている。私がこの本を書いたのは、今この時代に彼らの考

え方に光を当て、そこから学び、彼らがやってくれた頭脳労働を繰り返す手間を省くためだ。

それだけでなく、私は業界の現状に目を向けることで、ワイザーとブラウンの考え方を拡大したいとも思っている。少し古い考え方を使うやり方には、その後にテクノロジーがどう進化していったかを確認して、主張の正しさを実証できるという利点がある。スマートフォンや現代のインターネットへのアクセス、安価なセンサーなどは、当時は理論上のものでしかなかったが、それでも彼らは、そうしたデバイスのある未来のプロトタイプを考案していた。

ワイザーやブラウンの概念的な枠組みから多くを学ぶには、彼らが数十年先の未来をどう捉えていたかを探る必要がある。ある意味で、2人は当時の常識に縛られず、未来の可能性を明確にイメージできていた。時間があまり意味を持たない環境にいたから、テクノロジーの長期的な影響に思いを馳せることができた。

人間の邪魔をしないテクノロジーという考え方は目新しいものではない。100年前の時点で、人々は世界初のカーム・テクノロジー、すなわち「電気」をどう生み出し、活用したらいいか頭をひねっていた。電気は今、どこにでもある。私たちの注意を積極的に引くことなく、舞台裏で仕事をしている。

このように、アプリやテクノロジーも、目に見えない状態で機能するのが理想的だ。そうしたテクノロジーは、過剰に注意を引くことなく、ユーザーの役に立つ。ところが電気と違って、私たちの身の回りにあるテクノロジーの多くは突然壊れ、ステータスやアップデート情報で私たちの邪魔をし、流れを断ち切り、必要な作業から遠ざける。今のテクノロジーは、人間の目の前に立ち塞がるか、手の届かないところに存在している。

私たちは、テクノロジーを非人間的で冷たいものだと考えがちだ。だが、テクノロジーは風変わりで独特だとはいえ、基本的には人間だということを忘れてはならない。私たちは、人間の延長としてテクノロジーをデザインした。今こそ、新世代のテクノロジーと人間との関係をスムーズにするべき時だ。

この本の想定読者

　この本は、テクノロジーを積極的に使い、デザインし、決断を下している人に読んでほしい。とりわけ関係があるのは、UXデザイナーやプロダクト・マネージャー、エンジニア、テック企業のエグゼクティブだ。お粗末なデザインの情報システムに悩まされ、そうしたシステムの改善を図りたいと思っている人にはぜひ読んでもらいたい。

　本書はデバイス500億台時代のデザイン手法を探るものだ。そのために、まだあまり取りあげられることのない、しかしほどなく誰もが頭を悩ませるであろう、いくつかの問題を取りあげる。絶対に必要なときだけユーザーの注意を引くテクノロジーはどう生み出すのか。プライバシーや帯域制限、バッテリーの寿命を踏まえたデザインはどう行えばいいのか。プロダクトを市場へスムーズに送り出し、プロダクトのライフサイクルを通じてインテリジェントな状態を保つには、どのようなデザインにすればいいのか。そして最後に、人が愛するテクノロジーはどうデザインするのか。生活の邪魔をするのではなく、「生活の一部になる」テクノロジー。わずか数シーズンではなく、数世代にわたって使ってもらえるテクノロジーはデザインできるのか。

　間もなく家庭には、卵のストックがなくなったら教えてくれる冷蔵庫や、先週買ったバナナが傷みだしたことを知らせる「スマート」ステッカーが備わると言われる。しかし私は、冷蔵庫の食べ物の状態を知らせてくれるコンピュータは要らないし、みなさんも要らないはずだ。バナナは美しく進化を遂げた「自然のテクノロジー」で、一目見れば食べごろを過ぎたことくらいわかる。スーパーにいるときに、牛乳を切らしていることを教えてくれるアラートに価値がないとは言わないが、投資家が資金を投じた割には条件を整えないとうまく起動しないシステム、あるいはきちんと動いているかを定期的にチェックしなくてはならないデバイスなら、ほしいとは思わない。

　すぐに故障するものは暮らしに摩擦を起こし、人間の行動の邪魔をする。話題の「スマートウォッチ」は、携帯メールやEメール、ステータス更新など、生活にまつわるあらゆる情報を手首から知らせてくる。

　ところが、こうしたテクノロジーは生活のリズムをおかしくする。デフォルト

の設定に従って不必要な情報をたびたび伝え、ユーザーの邪魔をする。

　システム絡みの摩擦はあらゆる場面で目にする。電話を新しいOSにアップデートしたときや、部屋を借りて、見たことのないボタンが付いた新しいキッチン家電に囲まれて暮らさなくてはいけなくなったとき。対して摩擦の少ないシステムは、ユーザーの邪魔にならないようにデータを伝え、人間の力を高める。私たちに求められているのは、人間らしさを増幅し、今までどおり人間に選択権があるテクノロジーを作ることだ。

　この本を手に取ってくれてありがとう！　本書がみなさんにとって、コネクテッド・デバイスの未来や、今あるデバイスの改良法を考えるうえでの枠組みになればうれしい。

　カーム・テクノロジーについてもっと詳しく知りたい、あるいはコミュニティに貢献したいという方は、ホームページの*http://calmtech.com*や、Twitterアカウントの*@calmtechbook*や*@caseorganic*を訪問してみてほしい。オライリーのウェブサイトでは、カーム・テクノロジーに関するビデオ・ワークショップ（*http://bit.ly/calm-tech-video*）も開催している。さらに、最新のエクササイズは*http://calmtech.com/exercises.html*で紹介しているし、私に連絡したい場合は*case@caseorganic.com*にメールをしていただきたい。

本書の構成

　この本は、6つの章で構成されている。そして最後には、日本語版に向けた新しいコンテンツを盛り込んだ。実際に使える指標ツールも付属したので、ぜひ活用してほしい。

第1章　「デバイス500億台」時代のデザイン
　この章では、1950年代からユビキタスコンピューティングが実現した現代までのデバイスの急激な成長を振り返る。500億台のデバイスは、人間の注意力や帯域、バッテリーの寿命にどんな影響を与えるのか。デバイスのソーシャルネットワークは人間の営みにどんな危険をもたらし、そして
カーム<ruby>穏やかな</ruby>・デザインはどうやってこの問題を解決するのかについて述べる。

第2章 カーム・テクノロジーの基本原則

　この章では、カーム・テクノロジーをデザインするためのガイドラインを提示する。人間の注意力の限界や、感覚の「周辺部」への情報の圧縮、精神的な負担の最も少ないテクノロジーのデザインといった考え方を紹介し、以下の原則について解説しよう。

・テクノロジーが人間の注意を引く度合いは最小限でなくてはならない
・テクノロジーは情報を伝達することで、安心感、安堵感、落ち着きを生まなくてはならない
・テクノロジーは周辺部を活用するものでなければならない
・テクノロジーは、技術と人間らしさの一番いいところを増幅するものでなければならない
・テクノロジーはユーザーとコミュニケーションが取れなければならないが、おしゃべりである必要はない
・テクノロジーはアクシデントが起こった際にも機能を失ってはならない
・テクノロジーの最適な用量は、問題を解決するのに必要な最小限の量である
・テクノロジーは社会規範を尊重したものでなければならない

第3章 カーム・コミュニケーションのパターン

　この章では、注意力喚起の方法ごとにグループ分けしたカーム・テクノロジーの実例を見ていこう。ランプや音といったシンプルなステータス表示から始め、文脈型通知や説得力のあるフィードバックループなど、もっと複雑でシステマチックなものを解説する。具体的には、以下の話題を取りあげる。

・視覚的なステータス表示
・ステータストーン
・ハプティックアラート
・ステータスシャウト
・アンビエント・アウェアネス

・文脈型通知

・説得のためのテクノロジー

第4章　カーム・テクノロジーのエクササイズ

　この章では、よくあるデバイスのデザインというエクササイズを通じて、ここまで学んできた内容を実践する機会を提供する。

　紹介するエクササイズは以下のとおり。

・エクササイズ1　穏やかな目覚まし時計
・エクササイズ2　1日の始まりを告げる目覚まし時計
・エクササイズ3　バッテリーが1年もつプロダクト
・エクササイズ4　穏やかなキッチン
・エクササイズ5　健康な食生活をもたらす冷蔵庫
・エクササイズ6　アンビエント・アウェアネスを活用する
・エクササイズ7　触覚を活用する

第5章　組織内でのカーム・テクノロジー

　この章では、カーム・テクノロジーという考え方を組織へ持ち込み、プライバシーやセキュリティを考慮したプロダクトをデザインできるようにする方法を考える。ほかにも、チームの作り方や、ローンチの失敗を避ける方法、プロダクトを日常生活へスムーズにフィットさせる方法も扱う。

第6章　カーム・テクノロジーのこれまでとこれから

　最後の章では、カーム・テクノロジーとユビキタスコンピューティングの原点を詳しく見ていくため、80〜90年代のゼロックス・パロアルト研究所へ立ち返り、在籍していた研究員たちの哲学や、彼らの研究がカーム・テクノロジーという考え方につながっていった過程を紹介する。

日本語版へ向けて

　オリジナル版の出版から5年ほど経った間に生み出されたデバイスについてやテクノロジー界隈の動きについて、それから今後の展望について加筆している。また、カーム・テクノロジーの原則と非常に親和性の高いアプローチでものづくりを行う日本のスタートアップ、mui Labに本書の監修をお願いし、日本の文化や習慣を汲んだカーム・テクノロジーの解釈と実践についてテキストを寄せていただいた。さらに巻末には、カーム・テクノロジーを実践するうえで活用できる、デザインの指標ツールを新たに盛り込んでいる。

謝辞

　マーク・ワイザーとリッチ・ゴールド、ジョン・シーリー・ブラウンに、ゼロックス・パロアルト研究所での取り組みと、本書のインスピレーションをくれたことに感謝を。

　主要コンテンツエディターのカール・アルヴィアーニとケリン・バーディーンには、昼夜を問わず、長きにわたって大いに助けていただいた。O'Reillyの編集者、アンジェラ・ルフィーノとメアリー・トレセラー、ジャスミン・クウィティンはすばらしい仕事ぶりと見事な忍耐力を見せてくれた。

　スコット・ジェンソンとクリスティアン・クラムリッシュ、アダム・ドゥヴァンダー、マーシャル・カークパトリック、ジョシュ・マリナッキは、この本が命を得る過程で、草稿や概要に目を通してくれた。

　師であるシェルドン・レナンとダグラス・ラシュコフ、デボラ・ヒースにも感謝を。そして、驚くほど豊かな感性で私を育ててくれた両親、本当にありがとう。

第 1 章

「デバイス500億台」時代のデザイン

コンピュータ化の4つの波

　1940〜1980年にかけて起こったコンピュータ化の第一の波では、**1台のコンピュータをたくさんの人**が使っていた。数の限られた巨大なメインフレームマシンの時代で、ユーザーは主にコンピュータに明るい専門家だった。彼らは難解かつ劣悪なデザインのインターフェースを頑張って習得し、それがプロとしての自尊心の源になっていた。

　第二の波はデスクトップPCの時代、つまり**1人に1台のコンピュータ**がある時代だ。コンピュータの性能は上がったが、それでもマシンは据え置きだった。使いにくいコマンド入力にかわって、デスクトップ・パブリッシングやユーザーインターフェースが中心になったのもこの時代だった。

　マーク・ワイザーが予測していた第三の波はインターネットがもたらし、分散コンピューティングの普及に伴って、多くのデスクトップPCがインターネットにつながるようになった。時代はデスクトップからコンピュータの遍在へと移行し、数多くの小型デバイスが巨大なネットワークとつながった。

　近年始まった、まだ広がりにむらがあるこの波は、世界のあらゆる場所で**1人の人間が多くのコンピュータを持つ**時代だ。ワイザーはこれを「**ユビキタスコンピューティング**」や「**ユビコンプ**」の時代と呼んだ。

ワイザーの中でユビキタスコンピューティングは、**デバイスの数が人間の数を5倍以上も上回る**状況を指していた。つまり、世界の人口が100億人（ワイザーは、21世紀には人口がそのくらいにまで増えると考えていた）なら、世界中で500億台のデバイスがある状況だ。もちろん、これよりも割合の多い国はあるだろうが、世界全体ではだいたいこれくらいの比率になり始めている。

　今もデスクトップPCしか使わない人はいるが、多くの人は、スマートフォンからノートPC、タブレット、ネットとつながったサーモスタットまで、多くのデバイスを使って生活している。

　このように、1人がたくさんのデバイスを使うようになった時代には、データへのアクセス制限や帯域の問題が浮上する。そのとき、おそらく必要に迫られて訪れるのが、第四の波である**ディストリビューテッド・コンピューティング**の時代だ。**【図1-1】**では、このコンピュータ化の4つの波を図示した。

　ユビキタスコンピューティングは、一定の処理能力を持ったデバイスが私生活に数多く浸透してはいるものの、デバイス同士が必ずしもつながっているわけ

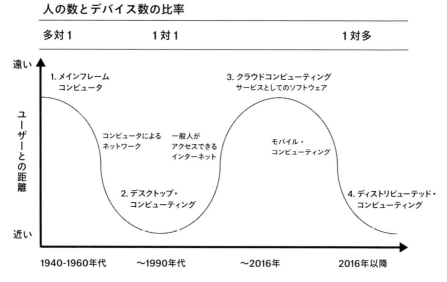

図1-1　コンピュータ化の4つの波。マーク・ワイザーとジョン・シーリー・ブラウンがゼロックス・パロアルト研究所時代の1996年に執筆した論文「The Coming Age of Calm Technology（カーム・テクノロジーの新時代）」を参考に作成した。

ではない状態を指す。対して現在のいわゆる「**モノのインターネット（IoT）」は無数のデバイスによるネットワーク**、つまりユビキタスコンピューティングの「ネットワーク化」の段階を表している。そこではテニスシューズなどの日用品の数々がワイヤレスでネットワークにつながり、新しい機能を提供する一方で、膨大なデータが収集できるようになり、セキュリティ上のリスクも増す。日々の足跡をたどれるようになるのはすばらしいが、データが悪い人たちの手に渡る懸念もある。**ディストリビューテッド・コンピューティングでは、ネットワークとつながったあらゆるデバイスが、情報を乗せたノードとして使われる。**それまでは中央のサーバに集約されていたデータがネットワーク中に「分散」するため、サーバを取り除いても個々のファイルにアクセスしたり、情報の断片を入手したりできる**[図1-2]**。

　ワイザーが生み出したユビコンプという考え方の中には、1人あたりのデバイスの所有数が増えた時代における「人とテクノロジーの関係」という哲学も盛り

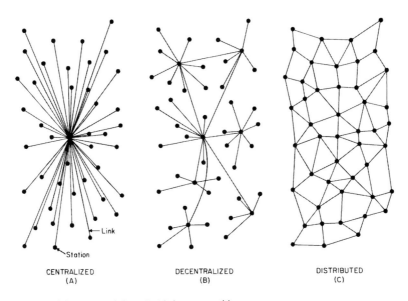

図1-2　集中型（A）、非集中型（B）、分散型（C）のシステム*1

*1　　出典　Paul Baran, "On Distributed Communications," Rand Corporation, 1964. *http://www.rand. org/content/dam/rand/pubs/research_memoranda/2006/RM3420.pdf*.

込まれている。500億台ものデバイスがあふれる世の中では、**デバイスと人との**
コミュニケーションが重要になる。コミュニケーションの取り方は今までと変わ
らないまま、デバイスの数だけ増えていったら、ほどなく私たちは、いや、私た
ちの世界は、通知のダイアログボックスや警告のポップアップメッセージに埋も
れることになるはずだ。

ー デスクトップ以後の世界

　デスクトップPCという、ぜいたくな恐竜の時代は過ぎ去った。CD-ROMに
収まるくらいの量のコードしか使われず、更新も2年に1回程度であるデスク
トップPCは、ユーザーがそれを使うことだけに集中する機械だった。ところが、
現在のデバイスにそんなぜいたくは許されない。

　デスクトップPCのアプリでは、処理能力や帯域、ユーザーの注目といったリ
ソースを豊富に活用できた。ユーザーが椅子に座り、腰を据えて1台の画面に注
目することが前提になっていた。対してモバイルデバイスは、ユーザーがいろい
ろなものに目移りする環境で使う。ユーザーがじっくりデバイスだけに注目する
ことはほとんどなく、外出先やレストランの店内で、科学技術者のリンダ・ス
トーンが言う「部分的な注意を常に向けている」状況で使うケースが大半だ。し
かも、インターネットとつながった現代の小型デバイスは、小さなプロセッサで
動作しているから、限られたリソースを有効活用しなければならない。

　小型デバイスは、あらゆる場所にあるために、値段が安くなければいけない。
使ってもらうには動作が速くなければならず、プロダクトとして生き残るには簡
単にネットにつながる必要がある。そうしたデバイスは、機械というよりは新し
い種で、自然の法則が当てはまる。今後は処理速度に優れた小型デバイスがどん
どん入れ替わりで登場する時代になるだろう。それでも、**優れたデザインには製**
品の寿命を延ばし、簡単に使えるようにし、サポートの必要性を減らす力がある。

　コンピュータは、機械的というよりは有機的な生態系を築きつつある。コン
ピュータウィルスの作用は、自然界のウィルスとほとんど変わりない。こうした
新しい時代には、冗長なコードは不必要どころか危険にすらなる。自然界との類
似で言うなら、コードの書き方が稚拙なシステムは、病気や腐敗を招くのだ。

短命化が進むハードウェア

デスクトップ時代のハードウェアは長持ちした。1回買ったら何年も使い、ハードウェア自体が一種の投資だった。ソフトウェアを頻繁に入れ替えたり、更新したりする必要もなく、更新プログラムはCD-ROMで受け取るか、PCに同梱されていた。ところが今、私たちはデータの奔流を浴び、デバイスより長生きなソフトウェアに囲まれている。多くの人が、何台ものスマートフォンを自身のフェイスブックと連動させてきたはずだ。フェイスブックも実際には猛スピードで入れ替わるアプリとプログラムの集合なのだが、全体としては動作元のデバイス（PCやスマートフォン）よりも長生きだ。

購入したデバイスが10年使われることはもうほとんどなく、ものによっては1年たたずに刷新される。各社が定額サービスを用意するのは、ある部分では、デバイスが変わるたびに購入する手間を省き、利用者が最新デバイスで自動的に「登録」することを狙っているからだ。これはデバイスそのものではなく、機能やデータへの投資と言える。**今や、ユーザーが手にするのはテクノロジーではなくデータになり、テクノロジーはユーザーにデータを提供するための手段と化している。**

かつて、テクノロジーの一番の価値はハードウェアにあった。しかし今は、ユーザーが生み出すコンテンツのほうに大きな価値がある。つまり、一番簡単にデータを収集できるテクノロジーが勝つ。データのほうが、利用も、開発も、サポートも、保守も簡単だ。

500億のモノのソーシャルネットワーク

今後はインターネットにつながった「モノ」の数が、つながった「ヒト」の数を上回っていく。

500億台のデバイスのソーシャルネットワークと、100億人から成る社会を思い浮かべてほしい。**モノのソーシャルネットワークでは、機械が人だけでなく、別の機械に対しても警告を発する。**

こうした無数のモノとシステムの時代において一番の課題となるのが、個々のネットワーク同士の情報のやりとりだろう。これは決して抽象的な課題ではない。たとえば精算機がお金を受け付けてくれず、駐車場に閉じ込められた経験は

ないだろうか。すべてが自動化され、人間による監視がないシステムでは、ユーザーがそうした落とし穴にはまることがある。通知がシステム内にいつまでも残り、外部のシステムが一向に気づかないケースも考えられる。システムが完全にダウンした状況で、システム障害の通知は外部に届くのか。それとも人間のオペレーターによる修理が終わるまで、ユーザーは待ちぼうけを食わされるのか。

　テクノロジーが機能不全に陥る例は、実際に数多くある。物事というのは、とりわけ肝心な場面でうまくいかなくなるものだ。道で車が立ち往生したときに限って、ロードサービスのアプリは見つからないし、重体で救急治療室へ運び込まれようとしているときに限って、携帯電話の電池が切れているか、家に置き忘れたかして保険証は見つからない。

次の500億台のデバイス

　今後は、テクノロジーがリソースを潤沢に使うことは難しくなっていく。時間、関心、サポートといったリソースが貴重な財産になる中で、最も効率的な技術が勝つようになる。シンプルなシステムを構築できない人間は、その報いを受けるだろう。

　テクノロジーに限界はなくとも、私たち人間にはある。回線速度や処理能力といった環境には制限があり、デバイスはどんどん高価になっていく。

　IT調査企業IDCによる業界の展望「IDC FutureScape」の中の「2015年のモノのインターネット(IoT)に関する予測」[*2]には、わずか3年後には「ITネットワークは、デバイス同士がつながり合ったモノのインターネット(IoT)によって、容量オーバーの状態から過負荷状態に陥ると予測される」と書かれていた。

　言い換えるなら、現在使われている帯域にデバイスが集中するせいで、回線速度やパフォーマンスが落ち、不必要なコストが生じる。いずれ必ず、いくつかの対策を組み合わせてこの問題を解決しなくてはならないときがくる。そうした策の1つがディストリビューテッド・コンピューティングで、これは帯域や容量の

＊2　IDC FutureScape、「2015年のモノのインターネット(IoT)に関する予測」より。(*http://www.thewhir.com/web-hosting-news/half-networks-will-feel-stranglehold-iot-devices-idc-report*) [現在リンク切れ]

問題を考えていれば当然浮上する解決策だろう。そしてもう1つが帯域の利用制限、つまりウェブサイトの規模やコンテンツの量に上限を設けるやり方だ。こうした解決策については、あとの章で詳しく見ることにする。

電話線や送電網、道路はもともとそこに存在するわけではなく、政府や企業がそれぞれの思惑に従ってつくるものだ。彼らの力がなければ、現在のようなインターネットへのアクセスや回線速度は望めない。

現在の携帯電話キャリアやインターネットプロバイダは、競合し合う無駄だらけのネットワークを独自に築き、キャパシティを共有できていない。それがまた、デバイス同士の情報のやりとりを難しくしている。

会社の成長に合わせて使う帯域を広げることは、究極的には企業の利益になるのだが、開発に伴う費用を短期間で回収するのは難しく、その隙を競合他社に突かれる可能性もある。携帯キャリアとインターネットプロバイダは、今後1つの会社が両方の事業を手がけるのを禁止されるかもしれないが、協力が認められれば、インフラ構築のコストを分散し、うまみを分け合うような方法を編み出す可能性がある。できない場合は、政府がその役割を担うだろう。アイゼンハワー大統領が政府主導で州間高速道路網を全米に築いたときも、危険な道や効率の悪い道を民間企業がつくらないようにすることが目的だった。

一 帯域に対する利用制限

私たちが訪れるウェブサイトは、ユーザーへの訴求力を念頭にデザインされていて、主にユーザビリティを高めることにリソースを割いている。しかし、帯域に大きな負担をかけるサイトはネットワーク全体の速度を遅くする。そして今では、たいていのスマートフォンユーザーが、携帯電話用のネットワークやWi-Fiを使って各種オンラインメディアのストリーミング配信を好きに視聴している。こうした非効率的な利用によって、IoTで使われる帯域はすでに埋まり始めている。企業間での帯域の奪い合いも起こり、ユーザーは板挟みに遭っているのが現状だ。2014年、インターネットサービスプロバイダのコムキャストとベライゾンは、映像配信企業のネットフリックスのトラフィックを制限し、ネットフリックスは両社に支払う料金を増やして対応したが、それでもベライゾンはネットフリックスへの締めつけを緩めなかった。

こうした制限を踏まえて、技術者は自然と帯域になるべく負担をかけないコードを書くようになっている。今後はネットの「糸」をうまく織り直す技術やプロトコルを採用し、多数のデバイスへ無駄なくデータを送信できる企業が成功を収めるかもしれない。

多くのデバイスがサーバの役割も果たす「分散型」のネットは、ネットが今後も進化し、拡大していくための1つの方策になる。無数のデバイスが1つのサーバからデータを引き出すのではなく、別のデバイスに対して少量のデータをリクエストできるようになるためだ。この分野の研究は少しずつ進んでいるから、いずれは大きな成果が期待できそうだ。

ー それぞれのテクノロジーに個別のチャネルを割り当てる

ネットとつながったデバイスに対して、種類ごとに別の接続チャネルを割り当てるやり方もある。そうした専用のチャネルは、緊急情報を送受信するサービスの背骨になりうる。専用チャネルを割り当てれば、別のチャネルが過負荷を起こしてもそのネットワークに影響は出ないから、たくさんの人が人気の動画を観ているせいで、災害の緊急速報や警察への通報が届かないということもなくなる。

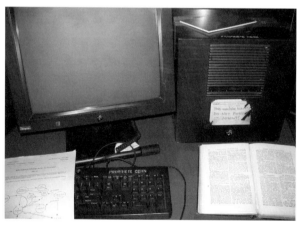

図1-3
ワールド・ワイド・ウェブの最初のウェブサーバは、欧州原子核研究機構（CERN）のティム・バーナーズ＝リーが使っていたNeXT社のワークステーション（NeXTcube）だった。キーボードの上の資料は、バーナーズ＝リーが書いたワールド・ワイド・ウェブに関する提案書『Information Management: A Proposal（情報管理　1つの提案）』のコピー＊3。

＊3　　写真はウィキメディア・コモンズよりCoolcaesar（https://commons.wikimedia.org/wiki/File:First_Web_Server.jpg）、GFDL（http://www.gnu.org/copyleft/fdl.html）、およびCC-BY-SA-3.0（http://creativecommons.org/licenses/by-sa/3.0）のものを使用。

― 基幹システムへのより低レベルな言語の使用

　本当の意味で柔軟なテクノロジーを生むには、過去のページをめくり、めった
に破綻しない、エッジケースを十分に考慮したデザインに目を向ける必要がある。
エッジケースとは、普通ではない状況で起こる予想外の問題を指す。たとえばラ
ンニングシューズなら、舗装した一般道では何の問題も起こらなくても、猛暑日
の陸上トラックでは、溶けたトラックのゴムとくっついてしまう可能性がある。
こうしたエッジケースはたいてい発売後に見つかり、最悪の場合リコールにつな
がる。2006年7月、日本で開催された会議の最中に、デルのノートPCがいきな
り発火したことがあった[*4]。原因は熱くなりやすいバッテリーで、事件をきっか
けに、世界中でそのバッテリーを採用しているPCのリコールが発生した。炎上
はそれまで6回しか報告されていなかったのにだ。プロダクトの寿命を左右する
エッジケースは、予測は難しいが損害を抑える方法はあり、たとえば業界経験の
長いベテランをプロジェクトチームに迎えれば、さまざまなエッジケース、ある
いはソフトウェアやハードウェアに不具合が起こるケースを割り出す助けにな
る。実際に不測の事態を経験した人もいるだろう。彼らの協力があれば、危機の
発生や芳しくない状況を未然に防ぐことができる。

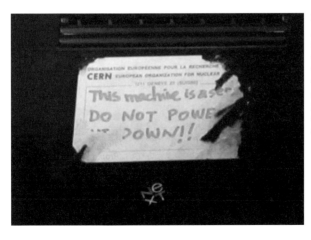

図1-4
バーナーズ=リーのNeXTcube
に貼ってあった剥がしかけの
ラベル。「この機械はサーバで
す。電源を落とさないでくだ
さい！」と書いてある。当時は
（このマシンが唯一のサーバな
ので）このコンピュータの電源
をオフにすると、ウェブのす
べてがシャットダウンした[*5]。

---

*4　　ギズモードの2006年の記事「デルのラップトップが炎上」より。(*http://gizmodo.com/182257/dell-laptopexplodes-in-flames*)

*5　　クレジットは前ページと同様。

間違いなく機能するデバイスを作りたいなら、今の開発手法の常識から離れて昔に立ち戻り、不具合を起こさないシステムを構築するための信頼できる手法を使う必要がある。

　たとえば、COBOLは業務用アプリの世界ではじめて広く普及した高級言語で、今さら話題にするようなものではないと考える人も多いが、注目に値するテクノロジーだ。

> 世界の70〜75％の業務および取引のシステムが、COBOLを採用している。これにはクレジットカードのシステム、ATM、チケット購入、小売／販売管理システム、銀行業務、給与の支払いシステム、固定電話／携帯電話、雑貨店、病院のシステム、政府のシステム、航空システム、保険システム、自動車システム、信号機のシステムなどが含まれる。また世界の金融取引の90％がCOBOLで処理されている[6]。

　COBOLは記述するには複雑な言語だが、採用したシステムはめったに止まらなかった。

ー ローカルなネットワークを構築する

　ツイッターのようなウェブサイトであれば、重くなったり落ちたりしてもちょっと不便な思いをするだけだが、スマートフォンの電池が切れてドアのスマートロックが作動しない、ワイヤレスグリッドに接続できなくて電気自動車の充電ができないといった状況に陥ったらそれでは済まない。**現実世界はウェブサイト（ネット）の中の出来事ではない**という先人の言葉は、ウェブサイトやアプリの構築に携わる人や会社にとっては特に重要だ。

　家の明かりをつけたり消したりするのに、電気系統をクラウドにつなぐ必要があるだろうか。サーバがダウンしたら、暗闇の中で過ごすのも悪くないと思えるだろうか。そんなはずはない。誰だって明かりはすぐについてほしいはずだ。そう考えれば、家の明かりはローカルなネットワークか、アナログのネットワーク

＊6　ヘンリー・フォード大学、コンピュータテクノロジー科のレポート「COBOLのスキル／デベロッパーが必要とされる市場はまだあるのか」より。 *https://cis.hfcc.edu/faq/cobol*

につなぐのが最善だろう。そうすればアプリやウェブサイトが落ちても家の明かりが落ちることはない。

　必要なのは、普段はローカルなネットワークで動作させ、必要に応じてグローバルなネットワークにつないでステータスや情報を更新するべきデバイスを早く見極めることだ。あらゆるテクノロジーにローカルなネットワークがふさわしいわけではないが、**日々必要になる実生活に組み込まれたテクノロジーは、接続が切れても動作する回復力（レジリエンス）が必須になる。**

ー 分散型コンピューティングと個別のコンピューティング

　あらゆる場面で、私たちがコンピュータを使う機会はどんどん増えている。ポケットの中にはいつも最先端のコンピュータが入っていて、彼方のクラウド上にあるデータを活用して生活している。しかし、大量のデータがクラウドとローカルを行き来するようになったことで、プライバシーとセキュリティに関する課題も数多く浮き彫りになった。2014年12月に出されたIoTに関する報告書の中では[*7]、IoTが生み出すデータは、5年以内に90％がクラウドに保管されるようになると予想されている。そしてデータへのアクセスや、デバイス間でのやりとりが簡単になる一方で、「クラウドベースのデータ保管が主流になることで、サイバー攻撃の回数は増し、ITネットワークの90％がIoT関連の侵入を受けるようになる」という。IoTデバイスが生み出すデータは、サイバー攻撃の格好の標的になるのだ。

　この指摘を裏付けるかのように、2014年にはiCloudがハッキングされ、セレブ100人のアカウントのフォトストレージから、超有名女優のものを含めたヌード写真が流出した。こうしたクラウドベースのデータ保管に伴うセキュリティレベルの低下を防ぐには、デバイスをプライベートかつローカルなネットワークにしか接続しないという手がある。幅広いネットワークにリアルタイムでつながる機会は多少失われるかもしれないが、うまくやれば、ハッカーにクラウド上のデータを根こそぎ盗まれることもなくなる。

＊7　2014年のIDCの報告書「ITネットワーク、半分がIoTデバイスのセキュリティ強化の必要性を感じる」より。（http://www.thewhir.com/web-hosting-news/half-networks-will-feel-stranglehold-iotdevices-idc-report）

今後はローカルなネットワークとパーソナルなリソースを活用できるプロダクトやサービスが重宝されるだろう。扱いに注意を要する繊細なデータをクラウド上の共有サーバに保管すれば、プライバシー上、セキュリティ上の問題が生じる。だから繊細なデータはもっと本人に近い、共有スペースとのあいだに明確な境界がある（また私的なデータを勝手に検索されないよう防護策を講じた）個人のデバイスに保管し、デスクトップPCやハードディスクドライブなどのローカルなデバイスにバックアップを取るべきだ。こうした「個別のコンピューティング」を行えば、不正アクセスを受ける可能性のある離れた場所ではなく、近くの安全な場所にプライベートなデータを保管しておける。情報のやりとりのスピードアップにもつながる。どうしても必要なときだけ、アプリをネットワークにつなげればいい。

　ディストリビューテッド・コンピューティングの時代には、データの保管場所の選択肢が今よりも増えるだろう。【表1-1】はデータの種類ごとにお勧めの保管場所を示したものだ。データが漏洩した場合の悪影響についても記してある。

データの種類	ベストな保管場所	データ喪失、あるいはネットワークへの不正アクセスや攻撃が引き起こす状況
繊細/プライベートなデータ	電話やノートPCなどの個人用デバイス。HDドライブや自宅のPCにバックアップ	職を失う、恥をさらす、いじめに遭う、社会的に孤立するなどの事態が最終的に自殺につながる可能性も
医療データ	専門家のあいだで一定期間でのみ共有されるローカルなデバイス（データを一定期間、医療目的でだけ共有し、その後はデータを削除してシステムをサニタイズする）	脅迫、職を失う
ビジネスデータ（リンクトインのプロフィールなど）	誰もがアクセスできる（共有）サーバ	特になし（この種のデータは共有を目的として作られている）
自宅のオートメーション・システム	自宅内のローカルなネットワークにつなぎ、広いネットワークとはつなげない	明かりやサーモスタットなど、自宅内のシステムをコントロールできなくなる

表1-1　データの種類と推奨保管場所、起こりうる結末

― システム同士のつながり

　今後、テクノロジーを活用するうえで特に大きな課題となっていくのが、孤立したシステムの扱いだ。各種のネットワークとつながっていないシステムを使う人は、非常に困った状況に置かれる可能性がある。

　私が以前、コロラド州デンバーで開かれる会議にレンタカーで向かっていたときのこと。最初は順調に走っていた車が、ハイウェイに乗ったところで時速50キロも出なくなってしまった。そこで駐車スペースに車を駐めて緊急ロードサービスに電話をしたのだが、すぐにはつながらず、22分も待たされた。その後、「あとで牽引車で回収するので車は置き去りにしてください」と言われた。このままでは遅刻すると思った私は、タクシーを拾って街へ向かい、出張中のレンタカーの予約をすべてキャンセルすることにした。

　ホテルまでの50分の道のりで、私はレンタカー会社に電話をかけてキャンセルしたい旨を伝えた。ところが担当者のあいだをたらい回しにされ、1人のサポートスタッフにつながったと思ったら、さらにまったく別の2人に話をしてほしいと言われた。そのたびに自分が何者で、どういう状況かを説明しないといけなかった。毎回、車はどこにあるのかと聞かれ、回収するというロードサービスの言葉を伝えないといけなかった。担当者は誰も、回収や私のことに関する連絡を受け取っていなかった。

　そんなこんなでようやくキャンセルの手続きが済み、確認番号を発行してもらった。ところが3日後にレンタカーの請求が来たのだ。そのせいで会社には、特別な番号に電話をかけて状況を説明し、請求を止めてもらうという手間を取らせることになってしまった。自動化の罠にはまった形だった。システム間の意思疎通ができていなかった。

　あるプロダクトが、別のプロダクトに情報を伝えるにはどうすればいいだろうか。複数のシステム、あるいは少なくともシステムの管理スタッフが、情報の流れをきちんと把握しておけるようにするにはどうすればいいだろう？　現実世界では、複数のシステムが絡み合って存在している。だからシステムをまたいで情報をやりとりできる仕組みがなければ、ユーザーは完全に身動きがとれなくなる恐れがある。

一 人間によるバックアップ

　システムからのフィードバックがなければ、人間にはシステム内で何が起こっているかをうかがい知ることはできない。自動化が進めば、何も問題ないのに何かおかしいと思い込んだり、フラストレーションをためたり、泥沼にはまったりすることが増えるかもしれない。そのため重要なシステムの運用に際しては、障害に備えて管理スタッフを常駐させ、同時に情報がしっかり伝達されていることを示すフィードバックを、人間に読める形でシステムに返させるべきだ。

テクノロジーのこれから

　お粗末なデザインのプロダクトはいたるところにあり、イノベーションの時を待っている。

　私たちは、季節ごとに売り出されるプロダクトを、発売開始の瞬間に買う生活に慣れきっている。まだまだ使えるのに買い換えるなんてもったいないと忠告を受けながらも、アップル製品の新作モデルが出るのを待ちきれずにいる。そして、新しいものが手に入ったら旧型モデルは廃棄する。ハードウェアもソフトウェアも、前の世代との互換性がどんどんなくなっている現状では、それも仕方がない。わずか1世代前、2世代前のデバイスが使えなくなり、産業廃棄物が埋め立て地へ送り出される。

　これまでの暮らしは、高品質なプロダクトに囲まれるのではなく、ほんのわずか所有すれば足りる時代だった。すでに都市化は大きく進み、歩いて学校や職場に通える利便性から市内に住む人が大幅に増えている。私たちの直面する問題は、地球規模の問題に対する取り組みが間に合うかどうかだ。大気汚染や人口増加、地球温暖化が最悪の結末を迎えずに済み、未来をよりよいものにするにはどうするべきだろう。

　すばらしいプロダクトを作りたいなら、日常にあるありふれたものを改良すればいい。上質なプロダクトは、仕事を続け、コミュニティを改善する力になる。私たちは、何か「新しい」ものを作ろうと躍起になるあまり、今あるものを改良するだけでいいということを忘れがちだ。日々の暮らしの中でがまんして使わなくてはならない、満足のいかないものは何か。イノベーションの芽はそこにある。

長年使えるものをデザインしよう。そうすれば、ユーザーに愛着を持って受け止められ、日常に溶け込み普遍化するプロダクトを生み出すことができる。

この章のまとめ

　この章では、コンピュータ化の4つの波と、それらがインターネットとつながったデバイスの今後に対してどんな意味を持つのかを見てきた。帯域やデザインの制限といった課題が、テクノロジーや人間らしさにもたらす影響も考えた。

　ワイザーとブラウンは、著作の中でいくつもの手がかりを示している。第2章以降ではその指針を確認しつつ、カーム・テクノロジーのデザイン哲学という形にまとめていく。

　最後に、この章のポイントをおさらいしよう。

- 現在は、多くの人が1つのコンピュータを使う時代から、多くのコンピュータを1人の人が使う時代へと移り変わっている。コンピュータ化の次の波では、プライバシーやセキュリティ、帯域、注意力の問題をどう解決するかがポイントになる。

- デスクトップPC向けのテクノロジーをデザインするのに使ってきたやり方は、もう通用しない。今考えるべきは、次の500億台のデバイスのデザインの仕方だ。効率的なコードを書き、専用のシステム向けにより低級な言語を使い、ローカルなネットワークを増やせば、あるべき未来が訪れるだろう。分散型コンピューティングや個別のコンピューティング、システム同士のつながりを踏まえたデザインを考慮することも大切だ。

第2章

カーム・テクノロジーの基本原則

最も深淵なテクノロジーは、その気配を消すことができる。そうしたテクノロジーは、ほかと区別できないほど日常生活に深く溶け込む。

"書く"という、おそらく人類史上初の情報技術（IT）について考えてみてほしい。書籍や雑誌、新聞に限らず、標識や広告板、店の看板、さらにはウォールアートも、何かを書き表すことで情報を伝達する。お菓子の包み紙にも何かが書いてある。

人間の情報リテラシーを活用したこれらの「書かれた」プロダクトは、いつも舞台裏に控え、積極的に注意を引くことはないが、目を向ければ**いつでも使える状態で情報が待機している。**

私たちが思い描いているのは、世界に存在するコンピュータに対する新しい考え方、人間が暮らす**自然な環境を大切にし、コンピュータを意識の奥にしまうような考え方だ。**

――マーク・ワイザー
「The Computer for the 21st century（21世紀のコンピュータ）」

第2章 ┃ カーム・テクノロジーの基本原則　　33

人間の「意識の帯域」

　この章では、カーム・テクノロジーをデザインするための原則と、それをうまく使って人間の注意力というリソースを節約する方法を扱う。新しいアプローチでテクノロジーを生み出す際の真理が1つある。それは、ユーザーの注意を引こうと警告の数をどれだけ増やしたところで、人間の意識のキャパシティはこれまでと変わらないということだ。たとえば冒頭の引用で、マーク・ワイザーは理想的な情報技術の例として文字や絵による情報伝達を取り上げているが、それらは最新技術と同じレベルで人間の意識を占有する。

　私たちの暮らしには情報があふれている。データはもはや仕事中に調べるものではなく、家庭や車の一部になり、財布やポケットの中にもしまってある。現代人の社会生活は、自宅やテレビ、ノートPC、スマートフォンに至るまでひっきりなしにデータの爆撃（アクセス）を受けている。

　テクノロジーはいつでも私たちの注意を引こうとするが、人間の意識のキャパシティは手持ちのデバイスですでに埋まっている。本来、**人間がテクノロジーを苦手としているのではなく、テクノロジーが人間を苦手としているのだ**。この本は、人間とテクノロジーの関係を改善し、製品開発に要する時間を短縮し、度重なるデザイン変更のプロセスを省き、開発資金の無駄を減らすためにある。有形か無形かを問わず、プロダクトやサービスをデザインする際の参考にしてほしいと思っている。私たちは、デバイスをもっと環境の中に溶け込ませ、ユーザーがテクノロジーに邪魔されず生活できるようにする必要がある。

　それはつまり、シンプルで必要最小限のテクノロジーをデザインするべきであるということだ。技術的に最小限というのは、技術による介入を最低限にするという意味であって、開発期間をできる限り短くするという意味ではない。問題が起こりそうな「よくある状況」だけでなく、エッジケースもじゅうぶんに確認したうえで、プロダクトを開発し、解決策を組み込んでから発売する必要がある。

　優れたデザインが、ユーザーの最短距離での目的達成を助けるものだとすれば、カーム・テクノロジーはユーザーの**精神的な負担を最小限に抑えながら**目的地へと導く。そうしたテクノロジーをデザインするための手引きとも言える原則を、これから紹介しよう。

Ⅰ　テクノロジーが人間の注意を引く度合いは最小限でなくてはならない

Ⅱ　テクノロジーは情報を伝達することで、安心感、安堵感、落ち着きを生まなくてはならない

Ⅲ　テクノロジーは周辺部を活用するものでなければならない

Ⅳ　テクノロジーは、技術と人間らしさの一番いいところを増幅するものでなければならない

Ⅴ　テクノロジーはユーザーとコミュニケーションが取れなければならないが、おしゃべりである必要はない

Ⅵ　テクノロジーはアクシデントが起こった際にも機能を失ってはならない

Ⅶ　テクノロジーの最適な用量は、問題を解決するのに必要な最小限の量である

Ⅷ　テクノロジーは社会規範を尊重したものでなければならない

　この章では、こうしたデザインの原則の概念を解説し、デザインの実践や応用については後の章で取りあげる。私たちは長い目で見たデザインの方法、言い換えるなら、膨大ではなく少量のコードを書く方法を学ぶ必要がある。つまり、**複雑なシステムよりもシンプルなシステムに価値を置くということだ**。数シーズンではなく、数世代もつテクノロジーをデザインしていこう。

カーム・テクノロジーの基本原則

　カーム・テクノロジーの原則は、絶対のルールではない。特定のプロダクトやサービスに適したものもあれば、そうではないものもある。たとえば火災警報器のシステムは、（実際に火の手が上がっているときに）100％の注意を引くものでなければならない。**1つのプロダクトが8つの原則すべてを満たす必要はなく、Ⅰ〜Ⅳは当てはまらないが、Ⅴ〜Ⅷは当てはまるということはありえる**。それでも、私たちが新しい状況とエッジケース、予想もつかないつながりに満ちた未来に向かう中で、8つの原則を満たすことの恩恵を受けられるプロダクトの種類はどんどん増えていくはずだ。デザインの初期段階でこの原則を念頭に置いておけば、発売後に生じるユーザビリティの問題も減らせる。

Ⅰ　テクノロジーが人間の注意を引く度合いは最小限でなくてはならない

すでに話したとおり、注意力の容量オーバーはテクノロジー最大のボトルネックであり、「穏やかな」テクノロジーが欠かせないことの何よりの根拠になる。注意を向けなくてはならない対象が増えるほど、何かをこなす際の精神的な余裕はなくなり、テクノロジーとのやりとりのストレスが増していく。

理想を言うなら、テクノロジーはユーザーの注意をサッと引き、必要な情報を伝えたら意識を占めるのをすぐにやめ、何もなかったように振る舞うべきである。そうすれば、ユーザーは情報に圧倒されるのではなく、目の前の活動に集中できる。私たちは、ユーザーのメインの活動を**邪魔しないように情報を伝えるテクノロジーを構築しなければならない**。

仕事でPCの前に座るときは、何よりも目の前の画面に集中し、ほかのことに気を取られたくないと思うだろう。ユーザーの生産性を重視する方針の下では、PCが余計な技術的情報を伝えてこないようにすることもできる。しかし残念ながら、ほとんどの人は**PC以外のモバイル機器にも注意を向けなければならない、すさまじくマルチプラットフォームな環境**に置かれている。

私たちのまわりには、こちらの注意を引こうとするモバイルテクノロジーがあまりにも多いので、そのすべてに一人一台時代のデスクトップPCへ向けた注意とおなじだけの注意を向けるのは実質的に不可能だ。また、向ける必要もない。最新テクノロジーを用いたプロダクトのほとんどは、100％の注意を向けなくていいし、向ける必要があっても長時間ではない。PCの前に腰を下ろし、電源を入れ、メールソフトを立ち上げて受信箱をクリックし、受信メールを確認するやり方は1999年には普通だったかもしれないが、こうしたスタイルは、今では「こんにちは」とあいさつをするためだけに相手を談話室へ連れて行くのと同じくらい不合理なことになりつつある。

プロダクトやサービスの**デザインの際に人間の注意力が考慮されづらい**のは、「ヒューマン・コンピュータ・インタラクション」の定義のおおよそが決まったデスクトップ・コンピューティングの時代には、まだあまり人間の注意力が重視されていなかったからだ。そして現代のほとんどのテクノロジーは、いまだに(ある程度)当時と同じやり方でデザインされている。だからユーザーが全力で集中しないと、役に立つ情報を受け取れない。やかんやオーブンのようにトーンや音でア

ラートを発するのではなく、画面上の視覚的なフィードバックを使っているから、同時にほかのことをするのが難しい。オーブンは予熱設定にしてその場を離れても大きな問題にはならないが、片時も目を離せなかったらすごく面倒なはずだ。

　この数十年で技術は大きく進歩した。にもかかわらず、**ネットワークとつながったテクノロジーの多くは、箱から出して「すぐ使える」ようにはできていない。**まずはネットやBluetoothにつながないといけないし、場合によっては使用前の、あるいは定期的なアップデートが必要で、タスクの実行や情報の入手をいったん中止しなくてはならないものもある。ユーザーインターフェースが突然勝手に変わり、何度も使い方を覚え直さなくてはならないプロダクトもある。

　その点、旧世代のMacBookで使われていたMagSafeでは、充電が必要という情報を伝えるのに、必ずしもインターフェースを使わない。電源を入れれば画面にアイコンが表示されるが、電源コードの根元のパーツのランプを見るだけでもバッテリーの状態がわかる**【図2-1】**。MacBookでは、**画面上の表示は情報伝達のサブシステムでしかない**（メインのシステムはインジケータのランプだ）。画面を開けば詳しい情報も手に入るが、一番大切かつ必要な情報は一目でわかるようになっている。**みなさんも、画面上の表示やインターフェースは完全に廃止して、ボタンやランプに置き換えることを検討してほしい。**

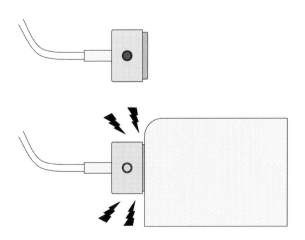

図2-1 MacBookの電源コードについているインジケータランプ。本体が電源とつながっている際は緑に光り、充電中はオレンジに光る。

ビデオカメラには、録画中を知らせる小さなランプがついている。普段は消えているが、録画を始めると明かりがついて録画中であることを使用者と被写体に知らせる。Google Glassが受け入れられなかったのは、ひとつには、そうした録画モードを知らせるランプがついていなかったからだ。何かが作動中かどうか、特に録画のシステムが作動中かがわからなかったら、まわりの人は作動していてもおかしくないと怪しむ。

　アラートに使えるのは光だけではない。こうした表示システムの具体例は次の章で詳しく紹介するが、たとえば音を使ったものはどうだろう。状況によっては音よりも振動や穏やかなトーンのほうが情報を伝えやすいかもしれない。雑踏や人混み、あるいはユーザーがデバイスに目を向けることが難しいシチュエーションでは、振動を使うことで、通知を必要としているユーザーだけに情報を伝えられるのではないだろうか。振動なら、まわりがうるさい中でも感じ取ることができる。

　では逆に、静かな落ち着いた環境で使うデバイスだったらどうだろう。こちらは穏やかなトーンの音を使えば、無駄にユーザーの邪魔をしないだけでなく、状況を生かしてメッセージを伝えられる。こうしたタイプの通知は、自宅に設置する洗濯機や衣類乾燥機に向いている。このタイプには、どの部屋にいても聞こえる程度にはハッキリしていて、しかし平和を乱すほどはけたたましくない音がふさわしい。

II　テクノロジーは情報を伝達することで、安心感、安堵感、落ち着きを生まなくてはならない

　みなさんは、何かが完了したかどうかが判然としなくて困った経験はないだろうか。道を走っていて、どのくらい進んだかがわからない。オーブンの予熱が済んだかどうかがわからない。応援しているチームに得点が入ったかどうかがよく見えなかった。そうした場面で、カーム・テクノロジーは邪魔にならないように情報を伝える。

　それは、「こっちを見て。注意しないとダメだぞ」というような伝え方ではなく、「タスクは終わったよ」「この人はここにいるよ」「あの人はこちらへ向かってるよ」「Uberの車がもうすぐ来るよ」というような伝え方だ。そうやって正しく機能し、

38

万事順調だとはっきり伝えることで、ユーザーの心には落ち着きが生まれる。それは、注意を向けなくてはならない状況が来たら、適切なタイミングで教えてもらえる安心感がもたらすものだ。

　配車サービスのUberはとりわけわかりやすい例だろう。何しろUberには、いつ車が来るかわからない不安を和らげる仕組みが採用されている。配車の手配が済んだら、電話をポケットに入れて放っておいても大丈夫。車が近くまで来たらアプリが音で知らせてくれる。アマゾンの配送状況を知らせるシステムも、家へ戻って待っているべきタイミングや、帰宅時にポストを確認する必要があるのか、ただドアを開ければいいのかがわかるので便利だ。

　もっと言うなら、**デバイスが発する情報のほとんどは穏やかに提示できる**。それができているかどうかが、優れたデザインかどうかの分かれ目となる。信じられないかもしれないが、複雑なシステムが順調に作動していることを正確に伝えるシンプルなシステムを組み込むだけで、宙ぶらりんの状態に置かれる不安は和らぎ、実際に注意しなくてはならないタイミングが来るまでやきもきさせられることがなくなるのだ。

　暮らしの中では、いちいち意識せずとも何かが起こる場面が無数にある。蛇口をひねれば水が出るし、スイッチをつければ明かりがともり、SkypeやGoogle Hangout、Facebook Messengerなどのチャットサービスでは、友人が通話可能になった瞬間、名前の横に緑のマークがつく**[図2-2]**。どれもできるかぎり人間に干渉せず、日常生活にうまく溶け込むよう進化してきたテクノロジーだ。

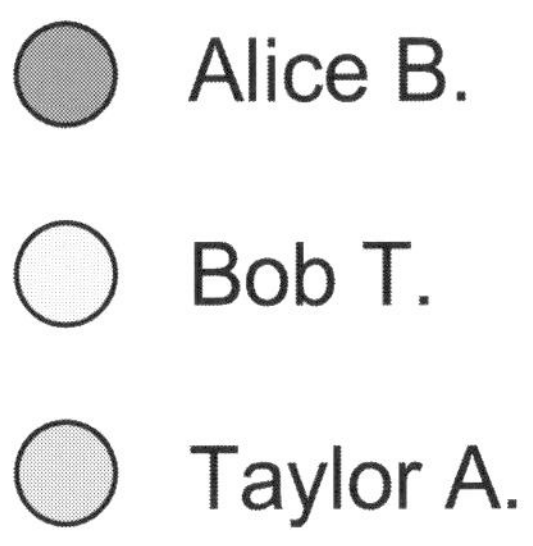

Alice B.

Bob T.

Taylor A.

図2-2
オンラインのメッセージシステムで、会話可能（緑）か、デバイスのそばを離れている（オレンジ）か、オフライン（赤）かを知らせるステータス表示。

　けたたましい音を鳴らすシステムを使うと、ユーザーは今やっていることから離れ、新しい何かに集中し直さなければならなくなる。なかには火災報知器や地

震警報の音のように、警戒心や緊張感を生むものもある。そうしたシステムは、聞いた人のテンポを変えること、もっと言えばあえて邪魔をしてビルから出るよう促すことを目的にデザインされている。それらが**生活の邪魔をするのは、命を救うためだ**。

　通知のシステムをデザインするときは、ユーザーが<ruby>どこ<rt>・・</rt></ruby>でそのプロダクトやサービスを使うかを考えよう。システムは利用する環境にうまく馴染むだろうか。そこは静かな環境だろうか、それとも騒がしい環境だろうか。公共の場だろうか、それともプライベートな空間だろうか。

　それをはっきりさせたうえで、次はどんな方法で情報を伝えるかを考える。ユーザーが一番集中すべきことの邪魔をせずに情報を伝える方法はあるだろうか。第一のアラートが伝わらなかった場合にどんなことが起こるだろうか。第二のアラートは組み込めるだろうか。

　こうした点を、デザインの仕事の折々で必ずチェックするようにしてほしい。それをしっかりこなせば、ユーザーの負担を減らすというカーム・テクノロジーの目的を達成できる。

Ⅲ　テクノロジーは周辺部を活用するものでなければならない

> カーム・テクノロジーは中心と周辺の両方に関わるものだ。というより、その両方を行き来する。
>
> ——マーク・ワイザー、ジョン・シーリー・ブラウン
> 「The Coming Age of Calm Technology（カーム・テクノロジーの新時代）」

　カーム・テクノロジーは、ユーザーがメインの活動に携わっているときに、たとえばガス欠を知らせるダッシュボードの端のガソリンランプのように、あるいは道の端に寄りすぎていることを知らせるライトのように、「周辺部」にアラートを表示させる。アラートを通じてメインの活動（この例なら運転）の質を上げたり、必要な情報を伝えたりして、落ち着いて別のことに集中できるようにする。カーム・エクスペリエンスは、全力で注目することを求めない。

　「意識の周辺部」が大切なのは、複数のことに同時に集中するのは不可能だか

らだ。人間の顔には高解像度の知覚器官が備わっていて、視野と直結しているが、解像度は視野の端に行くほど下がる。それでも、直接目を向けなくても音を聞いたり、形を確認したり、何かがそこにあることを感じたりすることはできる。直接集中できる対象は視界の中央や手元に限られていても、人間の知覚にはほかにもいくつかのレイヤーがある。

そして、私たちがテクノロジーから得たい情報は、高解像度である必要はない。**低解像度で構わないアップデート情報を意識の高解像度空間に送り込むことは、時間や集中力、忍耐力の無駄でしかない**。だからこそ、テクノロジー構築の際は、表示しようとしている情報が高解像度か、低解像度かを考えることが肝心だ。その情報は、ユーザーの意識を占領する必要があるか、それとも低解像度のアラートを一瞬表示するだけでいいのか。

先ほども挙げたが、この原則の実例に最適なのが自動車の運転だ。自動車が作り出されてからの数十年で、人間はドライバーのまわりに複雑で、複数の感覚器官に訴える、主に意識の周辺部を活用するインターフェースを用いた環境を築いてきた。クラクションは音を発し、車が進んでいることはペダルを通じて体に伝わってくる。

ドライバーの目は青信号や赤信号、あるいは停止といった目の前の標識に向けられる。どれも注意を向ける必要のある交通の区切り記号だ。一方で、目は周囲の車の存在も察知している。目の端でミラーをちらっと見ればうしろや横の車を確認でき、目の前の道路に注目する、あるいは車を操縦するというメインの活動を止めずに関連情報を集められる。

エンジンランプは必要なときにだけ情報を伝え、常についているわけではない。指の感覚だけでウインカーを出したり、ステレオをつけたりもできる。**触覚と聴覚、視界の周辺部を活用すれば、副次的な活動は脇でこなしつつ、もっとも大事な運転に、道路への注意をそらさず視線を保つことができる**。

情報を1つの指標に圧縮する

　みなさんは、ヴァン・ヘイレンのツアー契約に「ノーブラウンM&M's条項」というものがあるのをご存じだろうか。この条項が、「茶色のものを抜いたM&M'sを楽屋に用意しておけ」という、ヴァン・ヘイレンのこだわりの表れだと思っている人は多いのだが、実はこれは、現地スタッフが契約書をちゃんと読んでいるかをテストするための仕掛けなのだ[*1]。ヴァン・ヘイレンのツアーでは、機器を満載したトレーラーで各地をまわり、ときにはそれをすべてステージに載せると重量オーバーになってしまう規模の会場もある。現地スタッフがこの問題を軽視したことで、客を危険にさらしてしまうトラブルを何度か経験したボーカルのデイヴィッド・リー・ロスは、契約に一種の罠を仕込んだ。それがノーブラウンM&M's条項というわけだ。これは、ライブの不確定要素を1つの指標に圧縮したカーム・テクノロジーのお手本と言える。リー・ロスは、自伝でこう語っている。「そうやって、楽屋へ行って皿のM&M'sに茶色のやつが交じっていたら、機器をすべてチェックする。そのままだと技術的なトラブルが発生するのは間違いないからだ」。大規模なライブでは、1つの機器のトラブルが深刻な結果を招くこともある。「ときにはライブそのものが台無しになる。実際に命の危機に直面することだってあるんだ」[*2]

　やかんや自動車、洗濯機、衣類乾燥機はどれも、時間をかけて人間のニーズを満たす形に進化してきた。どれも生活にうまく組み込まれ、「周辺部」を活用している。ところがスマートフォンなどのまだ新しく、日常の一部になりきっていないデバイスは、穏やかで静かな技術へ発展している途中の段階だ。それらはまだ周辺部の活用には至っておらず、80年代のデスクトップPCのようにずっと注目することを要求し、気をそらし、けたたましいビープ音を私たちに向ける。

　周辺部を活用するには、自分がデザインしているテクノロジーが**メインの目標やタスクを達成するためのものか、それともメインの目標に集中しているかたわらでこなすべきサブタスク用なのか**を考えるといい。

　グループコミュニケーション用のソフトウェアSlackを作っている会社（*https://*

＊1　ウェブサイト「スノープス」の2014年の記事「茶色はNG」より。（*http://www.snopes.com/music/ artists/vanhalen.asp*）

＊2　Roth, David Lee. *Crazy from the Heat*. New York: Hyperion, 1997.

slack.com) は、もともとGlitchというオンラインゲームを作っていた。Slackも当初は独立したアプリではなく、ゲーム中にプレイヤーがコミュニケーションを取るために組み込まれたインターフェースだった。そして皮肉なことに、サブツールとして始まったことがSlackを成功に導いた。そもそもユーザーの意識が別のことに向いている状況で使うことを想定していたから、そういう状況に最初からうまくマッチしたのだ。

　Slackのダッシュボードでは、色丸や、太字と通常の字体でテキストに差をつけるといったちょっとしたヒントで、会話可能なユーザーや未読メッセージの有無といった情報を伝える【図2-3】。バックグラウンドで動作させているときは、アイコンに小さな青い点が表示されて新着メッセージの受信を知らせる。接続が切れれば、ポップアップやメッセージで邪魔をするのではなく、テキストボックスが黄色くなって再接続中であることを知らせる。

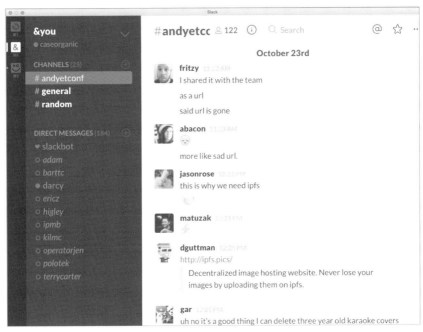

図2-3 Slackの内部コミュニケーションシステム

最近では、順位表や報酬のメダルといったゲームの情報伝達技術をほかの分野にも応用できないかということがさかんに議論されている。その意味で、ゲームのデザインを生産性アップのソフトウェアに流用したSlackは、（ゴブリンを矢で射ったりコードを書いたりといった）メインの活動を邪魔せず、サブタスクをこなす能力を高めることができるテクノロジーの絶好の実例だ。Glitchでは、主役はゲームでコミュニケーションは脇役だった。オフィスの環境でもそれは同じ。**メインは仕事で、コミュニケーションはサブであるべきだ。**

　注目を求めるデバイスがどんどん増える中で、一番大切な活動に集中するのは難しくなっている。メールに返信するためにネットを見たはずなのに、フェイスブックの投稿やメッセージ、記事に意識が向いてしまう。

　フィンランドのユーザーインターフェース研究者であるアンティ・オウラスヴィルタは、共同研究者とともに「リソース競合の枠組み」と呼ばれるものを考案し、タスクの競合で注意力が散漫になったときに何が起こるかを解説した。それによると、競合する情報技術があふれたことで、現在のユーザーはタスクと外部の情報源とのあいだを行き来することを強いられ、もともと手がけていたタスクを保留にするか、こなすペースを落とさざるをえないという[*3]。たとえば、ディナーの席で仲間と談笑していても、スマートフォンを片手に持っていれば楽しい時間をたびたび邪魔されかねない。仕事のメールを書き上げようかというところで、スマートウォッチのアラートに邪魔されることもある。

アテンションモデルの設定

　すべての情報が周辺部に行くわけではないとしたら、優先順位はどう決めたらいいのだろうか。どこにどれを割り振ったらいいのだろうか。それには、注目の対象を**プライマリ（一次モデル）、セカンダリ（二次モデル）、ターシャリ（三次モデル）の3段階に分ける**といい。プライマリは、運転中に交通状況に集中する、デスクトップPCに注意を向けるといったような、視覚的に直接集中する必要があるものを指す。セカンダリはもう少し遠くなり、直接集中しなくても感じ取れる音や

＊3　Oulasvirta, Antti, Sakari Tamminen, Virpi Roto, and Jaana Kuorelahti. "Interaction in 4-second Bursts: The Fragmented Nature of Attentional Resources in Mobile HCI." *Proceedings of SIGCHI Conference on Human Factors in Computing Systems*, 2005, 919-28.

振動でシグナルを発し、注意を促す。そしてターシャリは、もっとかすかな音や光、ほかの何かをしている中での振動など、意識の端で注意していればいいものを指す。車なら、運転がプライマリだから、正面の窓ガラスに常に一番集中できるようにしなくてはならない。セカンダリ情報は、バックミラーや横の窓、アクセルやブレーキからのフィードバック、速度計などダッシュボード上のステータスランプで伝える。ウインカーやラジオ、ラジオのつまみ、ハザードランプはどれもターシャリ情報を伝えるものだ。セカンダリ、あるいはターシャリ情報を伝える手段として、方位検知システムを内部に備えた車もある。

　これから紹介するいくつかの表を見れば、どのテクノロジーがどのレベルで人間の注意を引くかがわかりやすくなるだろう。たとえば [表2-2] のポッドキャストでは、セカンダリレベルの注目を集める手段として、音が使われている。ただし静かな音で構わない。

プライマリ	セカンダリ	ターシャリ
なし	音	なし

表2-2 ポッドキャストのアテンションモデル

　次の [表2-3] のスマートフォンのタッチスクリーンでは、画面を見ることと指で操作することが一番集中すべき物事になり、自分の現在位置に関する情報はセカンダリとしてできる限りそぎ落とされ、そのほかのユーザーを取り巻く情報はカットされるか、ブロックされている。2012年4月に、カリフォルニアの男性が歩きスマホをしていて、住宅街に出没したクマに遭遇しても気がつかなかったという動画があったが[現在動画は削除]、こういったことが起こるのもそれが理由だ。

プライマリ	セカンダリ	ターシャリ
画面と指によるナビゲーション	抑制	抑制もしくは遮断

表2-3 携帯電話のタッチスクリーン使用時のアテンションモデル

[表2-4] は運転時のアテンションモデルだ。そこでは、最も注意を払うべきは窓の向こうの道路の状況と標識になる。だからこそ運転中に、特に高速道路の合流の最中に会話するのは難しい。ドライバーの意識は、ほとんどすべてがプライマリとセカンダリの情報伝達経路に向けられている。

プライマリ	セカンダリ	ターシャリ
フロントウィンドウからの情報と周囲の車の認識	バックミラーとサイドウィンドウ、ブレーキ、アクセルからの情報	ラジオのボタンや同乗者との会話

表2-4 運転時のアテンションモデル

そして **[表2-5]** で示すのが、運転中にスマートフォンを使ったときのアテンションモデルだ。この状態では、プライマリ、セカンダリ、ターシャリのすべての情報伝達経路がスマートフォンの画面で占められている。その文脈の変化によって、道路状況に対応するための貴重な時間が奪われ、ドライバーはすばやく状況に対応して事故を防ぐ、あるいは信号やまわりの車の動きに反応するのが難しくなる。もっとも、自動運転の時代が到来すれば、運転の危険性は大きく減るだろう。ドライバーは運転中も自由にスマートフォンを使い、道路の状況ではなく、目の前のコンテンツに一番集中できるようになる。自動運転の車は、携帯電話などで気が散っていない人間と比べても、通常はドライバーとして優秀だ。

プライマリ	セカンダリ	ターシャリ
画面の注視と指による操作。フロントウィンドウからの情報と周囲の車の認識はブロックされる	バックミラーとサイドウィンドウ、ブレーキ、アクセルからの情報は遮断される	ラジオのボタンを使ったり、同乗者と会話したりするのは、できないか、難しくなる

表2-5 運転中の携帯電話使用のアテンションモデル

アテンショングラフ

　もう1つ、アテンショングラフというものを導入する方法もある。アテンショングラフを描くことで、一定期間のどこでユーザーの注意を引くべきかを特定したり、注意を引くためのプランを立てたりしやすくなる。**[図2-4]**は、やかんを例にしたアテンショングラフだ。火にかけ始めた段階では、注意度のレベルはかなり高いが、使用者がやかんのそばを離れるとレベルは下がっていき、やがてやかんのことは忘れられる。その後、やかんはけたたましい音を立てて注意を引き、使用者は走って取りに向かう。

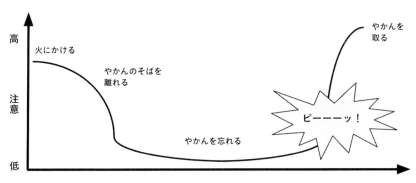

図2-4 やかんのアテンショングラフ

　テクノロジーで埋め尽くされた現代人の日常生活は、どんどん運転中の動作と似てきている。重要な中心タスクが1つある一方で、周辺部には一時的な小さい補助チャネルが大量にある。おそらく、現代人の生活は破綻している。それは別のほうを向いた複数台の車を同時に操縦しようとしているようなもので、本来ならそれぞれにしっかり集中し、プロダクトの情報を随時アップデートする必要がある。乗り物のデザインは、活動をプライマリとセカンダリに分類し、優先順位をつけることの大切さを雄弁に語る。そのプロダクトは、ユーザーに目の前に置いて集中してもらう必要があるものか、それとも意識の周辺部で注意していればいいものか。**穏やかなプロダクトをデザインするには、意識の周辺部に対する理解を深めることが欠かせない。**具体的な「周辺部」の使い方については、第3章で詳しく解説する。

Ⅳ　テクノロジーは、技術と人間らしさの一番いいところを
　　増幅するものでなければならない

　お粗末なデザインのシステムの典型的な特徴として、人間のユーザーが機械のように振る舞わないとタスクを終えられないというものがある。しかし、少なくとも「人間らしさ」を機械に効果的に組み込む仕組みが確立されていない現在の開発環境では、機械は人間のように振る舞うべきではないし、人間も機械のように振る舞うべきでない。両者はお互いに何かを期待することなく、お互いの一番いいところを存分に引き出す関係であるべきだ。「アフェクティブコンピューティング(*https://en.wikipedia.org/wiki/Affective_computing*)」という、「人間の感情を認識、解釈、処理、シミュレートできる」デバイスを研究、開発しようとする分野がある。1995年、マサチューセッツ工科大学(MIT)でメディアアートとサイエンスの教鞭を執るロザリンド・ピカード教授が提唱した考え方だ。アフェクティブテクノロジーについては、すぐに詳しく紹介する。

　自動水栓の蛇口は人間のために勝手に水を出してくれるが、手を洗っているあいだ非常に狭いエリアに手を出しておくという不自然な行動を取らないと水が出てくれない。

　対して**最高のテクノロジーは、技術と人間らしさの一番いいところを増幅する**。そこでは両者の役割がかぶることも、自分が誰かを忘れることもない。テクノロジーをただ効果的なものにするだけでなく、ユーザーの人間らしさを受け止めるものにするのが、われわれ技術者の責任だ。**人間の一番の使命は人間であることで、コンピュータのように振る舞うことではない。**

　人間である以上、私たちには食べ物や楽しみ、ほかの人とのつながりが必要だ。周辺環境の改善や、コミュニティへの参加、友だちづくりや家族づくり、宗教活動やお祭りへの参加といったこともしたいし、やりがいのある仕事を見つけ、生み出し、それに励むこともしたい。常に学び、スキルを磨く必要もある。人間には問題を解決する力があるが、同時に痛みや愛情、友情、嫉妬、恐怖、幸せ、喜びも感じる。目標を達成すれば充実感を味わう。宗教や歴史を学び、帰属意識を求める。

　また人間は、ある分野の新たな一歩を切り開く存在でもある。これはテクノロジーそのものにはない力だ。機械は一定の指令に従って動作し、専用のプログラ

ムを組んでおけば、自分でその指令を改善することもできるが、抽象概念の層を跳び越え、何かのやり方を根本的に変える方法を思いつくという予想外のことができるのは人間固有の特性だ。

人間には、文化と環境に応じて積み上げてきた歴史と技術がある。**人間は文脈を捉える**。その点、機械は人間が訓練を施さない限り、文脈を考慮することができない。もともとは、対象を特定する方法を機械に教え込むなど朝飯前だと思われていたのだが、数十年がたった今も、これは機械学習の難題であり続けている。物体の認識は依然として人間のほうがはるかにうまく、機械は人間が得た知見や指標を、ほかの人間にもわかる形に変換することに長けている。

それでも、人間の知識をどれだけコンピュータに入力したところで、機械が生命体と同じニーズを抱くようになるわけではない。機械は友情を求めないし、空腹にもならない。トイレに行ったり、シャワーを浴びたりする必要もない。機能を果たせる限りは周囲の環境も気にしない。家族をつくることも、みんなで集まることもない。

90年代、私の父は中西部の大手電気通信会社で音声連結システムという、事前に入力した単語を組み合わせて意味のあるセリフをつくり出す仕組みの構築に取り組んでいた。具体的には、利用者が電話をかけてきたら自動音声が答えるという、デジタル音声による補助的な指示システムを作っていた。まずは声優がしゃべった無数の単語やフレーズを録音し、次に言語学者と一緒にそれを組み合わせて人間らしく読み上げることのできる文をつくる。

そんな父と、私はよく夕食の席で人工知能を話題におしゃべりをした。父は人工知能という考え方が好きではなく、寝る前の読書はロバート・E・オーンスタインの『The Evolution of Consciousness（意識の進化）』やモーリーン・マクヒューの『Naturally Intelligent Systems（自然に知的なシステム）』にしろと言われている。

音声認識と自動化の話題では、いつもそうしたシステムを構築する難しさを口にしていた。「**コンピュータは人間と同じ形を取らない。機械は成長しないんだ。**天気のいい日の散歩がどういうことかも、芝生を踏みしめる感触も理解しない。脳はあるが肉体がないから、物事を人間と同じようには理解できない。**機械の一番いいところは、人同士をつなぐ力だ**」

こうした父との会話で気づかされたのは、人がお互いを理解するのと同じよう

に人間を理解できる機械はないということだった。**そう考えれば、最高のインターフェースとは、人とテクノロジーとをつなぐものではなく、人と人とをつなぐものだと言える。**Googleがかけがえのないツールなのは、あらゆる疑問に答えを返してくれるからではなく、ほかの人の発見や意見、つまり答えを持っている人と私たちをつなげるからだ。Googleのインターフェース自体はほとんど目に見えなくなっている。ユーザーはGoogleの検索ページを見ることなく、検索結果だけを目にすることができる。Google検索は人間のように振る舞おうとせず、人間が別の誰かを見つけ出す手助けをする。

　Google検索は、人間らしさを高めつつ、機械の良さを有効活用しているシステムの好例だ。人類の膨大な知識をデジタル目録にまとめるボットを使い、人と人とをつなぐ一種の配電盤と考えられる。データを目録として整理するボットがなければ、ユーザーは何も見つけられない。Googleは、ユーザーにとって何がベストの検索結果か判断せず、ほかのユーザーが重要視した度合いの順に並べた結果を表示し、判断はユーザーに委ねる。私たちはその一覧を見て、自分の問題にどれが一番関係するかを理解する。ボットそのものは人類の知識の目録を作り、検索結果というヒントを提示するだけで、その結果に対する判断はしない。

　マウスを発明したダグラス・エンゲルバートは、「人間知能の強化」という考え方について、「テクノロジーを使って人間の能力を高め、問題解決の優れたアプローチを見つけ、具体的なニーズに合った知識を手に入れ、最終的に問題の解決策を考え出せるようにすること」だと定義した[4]。そこからデザイナーやエンジニアが引き出せる教訓は、**「機械に勝る人間の長所をさらに伸ばせるよう、テクノロジーを最適化することに集中すべし」**ということだ。ここで言う長所とは、文脈を踏まえたキュレーションのこともあれば、状況理解や柔軟な判断、アドリブのこともある。機械には、本当の意味で物事を理解する、あるいはキュレーションを行う能力はなく、いったんプログラムを組んでしまえば柔軟性は低くなる。優れたシステムは、人間がそうしたタスクをこなし、優れた結果を手にするサポートを行う。

＊4　Engelbart, Douglas. "Augmenting Human Intellect: A Conceptual Framework ." SRI *Summary Report AFOSR-3223*, 1962. (*http://www.dougengelbart.org/pubs/augment-3906. html*)

両者の違いは明白なようにも思えるが、２つのまったく異なる知能のあいだのやりとりをデザインする際には、改めて意識しておく価値がある。

アフェクティブテクノロジーをデザインする

> 使いやすく、わかりやすいプロダクトの作り方はわかっている。しかし、感情についてはどうだろう？　人を喜ばせるデザインとはどんなものだろうか。感情に影響するものを生み出す方法について、私たちはいったい何を知っているのだろう？
>
> ──ドン・ノーマン
> 作家、教授、ニールセン・ノーマン・グループの共同創業者

　「アフェクティブテクノロジー」とは、人間を感情を持った社会動物として扱い、交流する能力に最も優れたテクノロジーを指す。章の冒頭で、**人間がテクノロジーを苦手なのではなく、テクノロジーが人間を苦手**なのだという言葉を紹介したが、アフェクティブテクノロジーは、感情を持った社会動物だという人間の「プログラム」の扱いも含め、人間の扱いが得意なテクノロジーを生み出す非常にエキサイティングな機会をもたらす。アフェクティブテクノロジーでは、ユーザビリティや感触、アクセス、ペルソナ、感情、ユーザーの来歴といった人間にとって大事なことを考慮したインターフェースをデザインする。このアプローチを使ってデザインしたデバイスは、（うまくいけば）ユーザーが邪魔に感じにくく、**人間の注意力のキャパシティを"大事にする"**だけでなく、**前向きな感情を喚起してキャパシティを"増やす"**。アフェクティブテクノロジーの原則は、IoTを人間に寄り添い、人間に役立つものにする重要な一歩になる。

　日本をはじめとする各国では、特別養護老人ホームに入居する多くの高齢者が「家族」を探しているが、いい相手が見つかることはほとんどない。現実的なパートナーであるペットは高価だし、餌やりやトイレを覚えさせるのも大変。**[図2-5]**で紹介しているパロはセラピー用のアザラシ型のロボットで、なでると反応するタッチセンサーと、光や暗闇に反応する光学センサー、姿勢や温度を検知して、自分が人間の膝に乗っているのか、それともベッドに置かれているのかと

いったことを検知するセンサーを備えている。方向をベースにした聴覚センサーも搭載していて、あいさつや名前を呼ばれたことを認識できる。

図2-5 アザラシ型ロボットのパロと交流する高齢者

　何かをするとなでてもらえる、あるいは怒られることを覚えさせ、特定の行動を取る回数を調節することもできる。柔らかい手触りのロボットアザラシは、まるで生きているかのような反応を返す。頭や足を動かし、本物のアザラシの子どものような声で鳴き、日本で大いに愛されている。有効性を証明するいくつもの研究が行われているだけでなく、日本の高齢者施設の多くに置かれ、特に認知症やうつ病のある高齢者の助けになっている。パロは世話をする必要のない動物の「家族」であり、触れれば例外なく反応してくれる機械のボディーを持っている。

　アフェクティブテクノロジーは人間のニーズにうまく対応し、喜びに満ちた体験を生み出す。**喜びは、自身のニーズとテクノロジーが示す情報とが合致したときに生まれる。**前の項で紹介した非感情的なテクノロジーとは反対に、人的リソースが使えない、あるいは近くにない場面で、代役を務めることもできる。

　MITメディアイノベーションラボの共同所長を務めるガイ・ホフマンは、電気スタンドをモチーフにしたピクサーのアニメにインスピレーションを得て、ロ

ボットや物体に感情を持たせることを考えたという。ホフマンは、当時のロボットは動きが不自然でぎこちなく、人間が親近感を覚えるのは難しいことに気づいた。そこでもっとスムーズな、「人間らしい」親しみのある動きをするロボットを作ろうと思い立った。アニメの専門学校に通いながら演技の勉強もして、感情があるかのような反応と「滑らか」な動きを持たせた。するとユーザーは、そのロボットに（擬人化したものを目にしたときのように）人間らしさを見いだし、愛着を抱いて、一緒にいて楽しいパートナーだと思うようになった。

図2-6「心を宿したロボット」を操るロボット工学者のガイ・ホフマン。著者画。

V テクノロジーはユーザーとコミュニケーションが取れなければならないが、おしゃべりである必要はない

　人間のまねをしようとするテクノロジーの中でも、とりわけ一般的で、とりわけやっかいなものに、肉体のない音声の技術がある。**音声ベースのインターフェースはどんどん増えているから、音声を使ったやりとりの問題については、個別に取りあげる価値がある**。だからこそ音声テクノロジーには、この原則Vがまるまる割り振られているのだ。

　何年か前、Siriの創始者の1人と話をしていて、Siriにはその生まれ故郷であるカリフォルニア英語特有の癖やアクセントがいかに教え込まれているかという話題になった。少しして、創始者に示された動画を見てみたのだが、ユーザーがSiriに合わせて一般的なアクセントでしゃべっているにもかかわらず、Siriは言っていることを理解できていなかった。こうした経験は大きなフラストレーションになる。「人間らしいコミュニケーション」を取ろうとする機械の要求に応じて、人間が行動を調整しなければならないからだ。**コンピュータに文脈や関係性に対する感性を持たせないまま、人間らしくしゃべらせようとすると、使っている人は違和感を覚える**。だからこそ、違和感を和らげる感情デザインが必要になる。

　Siriはいまだに一部から失敗作とみなされている。非常に正確な理解力を持っているという触れ込みだったのに、実際はそれほどでもなかったからだ。映画の中では機械音声をよく耳にするが、映画には編集作業というものがあり、完璧に見えるようにカットや手直しをしている。現実世界ではそうはいかない。私たちの多くは、『スタートレック』の母船のコンピュータのような正確な機械を想定するが、そうした音声は入念に練った台本に沿ってしゃべり、実際以上に本物らしく見える（動作する）演出がされている。映画の中では、機械音声を備えたマシンはシンプルなターミナルではなく、俳優の1人のように見え、観る方もSF映画ではしゃべるコンピュータが登場するのが当たり前だと思っている。しかし、人とコンピュータがコミュニケーションを取るには存外に文脈が大切なのだ。

　ロボット音声のシステムで特に大事なのは、人間の物理的、精神的ニーズを予測しつつ、判断はしないということだ。そうしたシステムは、人間の忠実なしもべとして、安定した精神的サポートを提供する。そして、日本のバーチャル彼氏（彼女）や、バーチャル精神科医といった例を別にすれば、AIにアフェクティブテ

クノロジーの訓練を施すのに一番いいのは、人間の文脈とつなげることだ。Googleの検索エンジンはそこを見事にこなしている。ボットを使って人が生み出したコンテンツを整理し、お勧めの検索結果を表示する。そして、どのサイトが一番関係あるかを判断するのはユーザーに任せる。Googleは面倒な作業だけを受け持つ。

　音声インターフェースを機能させるのは非常に難しい。視野の中心を利用するビジュアルインターフェースが機能させづらいのと同じ（原則Ⅱ）で、限りある注意力の大部分を割くことを人間に求めるからだ。原則Ⅱで話したように、人とコンピュータの穏やかなインタラクションを実現するには、コミュニケーションの経路に合わせて情報の密度を調節しつつ、情報を横並びで提示する必要がある。

　視覚のすべてで集中しなくてはならないユーザーインターフェースは、ほかの作業の邪魔になる。全力で集中しながら聴く必要がある（もしくは完璧な発音を必要とする）インターフェースも、同じように邪魔になる。音声を使ったインターフェースのかわりに、トーンや光、感覚的刺激を使って情報を伝えることを検討しよう。

　音声認識は静かな環境ではうまく機能するが、そうした環境を整えるのは簡単ではない。以前、空港の売店で女性が音声認識を使おうとしてうまくいかず、イライラしているのを見たことがある。彼女の子どもたちの声や空港のスピーカーからひっきりなしに流れるアナウンスのせいでメニューの先頭に戻され、なかなか買い物が進まず、何度も同じことを繰り返さなければならない様子だった。騒がしい通りでも同じ問題が起こるだろう。

　録音済み音声でコミュニケーションを取る駐車券の発券機も、扱いが難しい音声システムの一例だろう。まず、そうした音声は妙にゆっくりしたぎこちないしゃべり方をするから、助けになるというより混乱する。次に、カードを挿入してもフィードバックがないから、処理が済んだのかがわからない。最後に、機械がウンともスンとも言わなくなっても、緊急呼び出しボタンが付いていないから、サポートスタッフに助けを求められないし、近くにスタッフはいない。そうやって駐車場に閉じ込められた人は、非常に不愉快な思いをする。機械ではなく、人のほうが停止させられるのだから（この問題は、次の原則で直接取りあげる）。

　そう考えれば、人間の声は絶対に必要なときだけ使うべきだ。音声を導入すると課題が増える。単語を組み合わせて音声を「連結」する作業、ほぼ間違いなく

発生する誤認識の問題、Siriで浮き彫りになったアクセントの課題。しかも、多くの人に使ってもらうには、音声は複数言語に翻訳できる必要があるが、それなら**シンプルな明るい／暗いトーン、シンボル、あるいは光をうまく使ったほうが、万国共通の理解を得られる**はずだ。

さまざまな感覚を活用し、ユーザーにそっと知らせる方法を考えよう。**発話音声ではなく音色や音調で、音声によるアラートではなく振動音で、ディスプレイではなく光を使ってステータスを示すのだ。** うまくできれば、シンプルな光やトーンで、ユーザーの意識を占領することなく情報を明確に伝えられる。

そのいいお手本が、熱対流式のオーブンに付いているステータスランプで、スイッチを切っても中がまだ熱いときは、このランプが点灯する。これはガスが止まるとバーナーがすぐに冷えるガスオーブンでは必要のないものだ。標準的なビデオカメラに付いている録画ランプもいい例だろう。

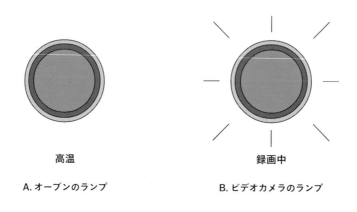

高温

A. オーブンのランプ

録画中

B. ビデオカメラのランプ

図2-7 ステータスランプの例

1980年代、ほんの一時期だけ、非常にシンプルなメッセージを伝える音声アラートシステムが、BMWをはじめとする各メーカーの車に搭載されたのを覚えている人もいると思う。おかげで当時、世界各地の車のショールームは突如、ドアが開けっぱなしになるたびに高級車が「ドアが開いています！　ドアが開いています！」と叫ぶ空間と化した。消費者はすぐさま、決定的にネガティブな反応

を強く示した。車に指図されたい人はおらず、音声は基本的な情報を伝えるには過剰なシステムだった。BMWは翌年、すぐに言葉ではなく穏やかなトーンを使ったシステムに切り替え、他社も追随した。そしてしゃべる車はあのころの名残として、80年代を茶化すネタとしてときどき使われるだけになっている。

　どういったトーンがふさわしいかは、よく考えて決めないといけない。テクノロジーでいっぱいの現代人の日常生活には、ピーッやブーッという音があふれているが、そういうデザインのプロダクトが多い一方で、穏やかなトーンを使って警告するものはほとんど見かけず、大半はびっくりするようなけたたましい音を立てる。それは、デザイナーやエンジニアの多くが自分の通知が一番大事で、聞き逃されては困ると思い込んでいるからだ。しかし、メールの着信やステータスの更新、ニュース記事の受信のたびにブザー音を鳴らしていたら、ユーザーには全部どうでもいいものに聞こえる。音の鋭さと伝える内容の緊急性をマッチさせ、通知情報の多くはあわてて知らせる必要はないということを理解しよう。

　ロボット掃除機のルンバは、掃除が終わると満足げなトーンの音を、進めなくなると悲しげなトーンの音を出す。**トーンは穏やかで、ユーザーの邪魔をせず、それでいて解釈の必要もない。**しかも、ルンバでは光による表示も採用されていて、掃除が終われば緑に、部屋が汚いときや、動けなくなったときはオレンジに光る。

　では、音声によるやりとりがふさわしい場面はどこだろう。それは一定のコントロールされた状況だ。かなり静かで、タスクはシンプルで、そしてトーンだけでは情報を伝えきれない場面。デバイスを見たり触ったりするだけでなく、音を使うことに明確なメリットがあるテクノロジーにも適している。カーナビなどに使われているルート指示の音声は、特に一般的な成功例と言えるだろう。

　車の中はコントロールされた静かな閉鎖環境だ。指示は非常に一貫した形式で出すことができるが、内容は毎回異なっている。さらに重要なのは、運転が視野のほぼすべてを使って集中する必要がある活動だから、安全の面でも、音声によるやりとりがとても適しているということだ。音声による指示はおしゃべりではなく、内容の理解に手間取ることもない。そのため運転手はセカンダリレベルで注意するだけでよく、道路の状況に集中しながら安定して目的地へたどり着ける。また、車内は運転手の人間らしさが重要な意味を持つ領域ではないから、社会的、

感情的な細部は無視してもまったく構わない。これは「思考節約の原理（オッカムの剃刀）」、つまり「最小限のテクノロジー」の原則でもあるようだ。

　スマートフォンも、事前に入力した情報を活用しながら、音声でのやりとりをうまく機能させている。たとえば「家」の住所をあらかじめ覚えさせておけば、「家への帰り方を教えて」と言うだけで、その住所へたどり着く方法を声で教えてくれる。

　意識や視界の周辺部を使って情報を横並びで伝える方法についてはすでに詳しく解説したが、周辺部を使った通知の3つのタイプ、つまり視覚、触覚（手触りや姿勢）、聴覚の**どれをいつ使うべきかはどう判断**すればいいのだろうか。

**　答えは文脈の中にある。**

　その技術はどこで使うのか。うるさい場所か、静かな空間か。ごちゃごちゃした場所か。明るいか、それとも暗いか。明るい太陽の下なら、ランプの光ではユーザーが気づかないかもしれない。個人的な通知なら、触覚に訴えるのが一番適している。触覚的な通知では、質感や点字、振動、電気的刺激、熱さや冷たさなど、さまざまな「肌触り」を活用する。触られるという体験は一種の警告で、個人的な通知を出すのに非常に便利だ。特に、ユーザーが身につけているデバイスを使って知らせるやり方は、本人だけが感じ取れる。それでも、通知は基本的には静かなものにすべきだ。振動なら激しくないものを、光なら眩しくないものを、トーンならうるさくないものを採用しよう。

　2つの異なる感覚を同時に刺激するような通知を用いることも場合によっては有効だ。ユーザーの注意を完全に引くことなく、気づいてもらえる確率を高められる。

　人間の声をシミュレートした音声をコミュニケーションの本筋にするやり方には、いくつもの欠点がある。どうしても必要な場面もあるが、たいていはもっと別のシンプルで、穏やかで、適切なシステムで置き換えたほうがいい。人間の声をプロダクトに組み込むときは、本当に必要かをよく考え、まずはこのあとの第3章で紹介するアラートのほうがふさわしくないかを検討すべきだ。別のいい方法が見つかったなら、迷わず変更しよう！

VI　テクノロジーはアクシデントが起こった際にも機能を失ってはならない

　飛行機は、エンジンが止まるとグライダーのような状態になる。もっと危険が少ないもので言えば、エスカレーターはエレベーターよりも柔軟性が高く、止まったときにただの階段になる。

　テクノロジーのデザインは、できる限りこうしたマインドセットで行われるべきである。 しかし、デザイナーやエンジニアは一般的な使い方ばかり想定し、そういう場面でできるだけ早く、スムーズに使ってもらうにはどうすればいいかばかり気にしがちだ。それも必要だし、称賛されるべき姿勢だが、それではアクシデントに対応しきれない。

　エッジケースでは、物事がうまくいかない状況になる。 ユーザーが普通とは違うテクノロジーの使い方をしようとしたり、正しい手順を踏まずに結果を得ようとすると、テクノロジーの扱いに失敗し、イライラする結果になる。

　デザイナーは、そうしたエッジケースを無視したい強烈な誘惑に駆られる。 めったに起こらないことだし、間抜けなユーザーの自業自得に思えるからだ。それでも**エッジケースはいつでも起こりうる。** ユーザーが使い方を学んでいる段階だからかもしれないし、どういう使い方が普通かをあまりよくわかっていないからかもしれない。少し変わったニーズを抱えている人や、テクノロジーの限界を超えた使い方をしようとしている人もいるかもしれない。このあと紹介する「止まらない壊れた警報器」の例のように、ユーザーのせいではまったくないのに、不愉快な状況に対処しなければならないこともある。

　エッジケースの問題は、めったに起こらない一方で、起こったときの影響が甚大なことだ。 フィリップス社〔現在は分社化され、シグニファイ社〕が開発したIoT照明システムのHueは、導入すると自宅の照明を自在にコントロールできるようになり、巧みにデザインされたアプリで色とりどりのLEDライトのシステムを操作できる。ほとんどの場合は問題なく機能し、効果は魔法のようで、しかも設定と導入は驚くほど単純だ。ところが2014年にHueを導入した人に訊いたら、おそらくほとんどが、システムがクラッシュして家じゅうの明かりが煌々と灯り、どうやっても消せなかった話を持ち出すだろう。

　原因は自動更新されるファームウェアのアップデートファイルにバグがあったことだ。クラッシュの報告を受けたフィリップス社は、すぐに修正プログラムを

適用する作業に取り組んだが、眩しい寝室でなんとか眠ろうとしている購入者には、同社ががんばっているかなんてどうでもいい話だった。

　実は一時的な対処法がなかったわけではなく、壁のスイッチをオフにすれば明かりは消えた。しかし、多くのユーザーはアプリで明かりを操作するのに慣れきっていたから、そのことに気づかなかったのだ。同社はその後、ツイッターでその情報を伝え、心から謝罪したが、痛手は大きかった。無数のユーザーの心に、「家の明かりがおかしくなるかもしれない」という不安が植えつけられ、それ以来、会社は消費者の信頼をなかなか取り戻せずにいる。

　デザイナーはこうしたエッジケースを予測し、カタログや説明書に対処法を言葉で記載しておくべきだった。テクノロジーの不具合に慣れていないユーザーは、ちょっとしたことでプロダクトへの信頼を失う。

　人はこうしたユーザー体験の落とし穴にはまることを非常に嫌がる。そこでは人と機械の違いがあらわになる。人間には柔軟な対応や共感といった能力がもとから備わっているが、機械にはそれがない。「システムクラッシュ」はテクノロジーの中で最も非人間的な側面と言える。

　デザインでは、ユーザーの身になって考えてほしい。それも**テクノロジーを思い通りに操れる熟練したユーザー**ではなく、使い方を探ったり、極端なことを試したり、バグに対応したりしているユーザーだ。そういう場面では、シンプルに物理的な「オフ」ボタンをつけるなどの方法が効果てきめんなことがある。少し使いづらくはなるが、基本機能はこなせるフォールバックモード（低レベルモード）を用意しておくのもいい。

　しかし基本的には、**エッジケースへの一番の対策は冗長化、つまりシステムに余裕を持たせておくことだ**。ある部分が不具合を起こしても、全体は止まらないようなシステムを組んでおけば、ユーザーは重要なタスクをこなす選択肢を持てる。タスクを終える方法を複数デザインし、組み込むのは効率的に思えないかもしれないが、それを言うならジェット機のパイロットがグライダー操作の訓練を積むのだって効率的ではない。

止まらない壊れた警報器

　何カ月か前、私がフェイスブックを眺めていると、友人で作家のウィリアム・ハートリングが投稿した「ネスト社の煙感知器**[図2-8]** は欠陥品だ」というメッセージが流れてきた。ハートリングはどうやってもデバイスをオフにできず、非常に困っていた。

図2-8
インターネットにつながった
ネストの煙感知器と操作用
のモバイルアプリ

　ハートリングは、「感知器が耳をつんざくような声で『玄関で煙が感知されました。玄関で煙が感知されました』って叫んでる」と書き込んでいた。家に5台を設置したらしく、微妙にタイミングをずらして同じ反応をするものだから、ビープ音が反響する中で2〜4秒おきに叫び声が響く異様な状況だったそうだ。
　では何か感知器を止める、あるいは分解する方法はなかったのだろうか？
　ハートリングは言う。「最初は黙らせることができたんだが、すぐにまた鳴って『この感知器は止められません』と言いだした。もっと安い感知器なら、外へ持っていって叩き壊しただろう。ネストの感知器は驚くほど高いから、もちろんそうするわけにはいかなかった。サイズの合うドライバーを探し、分解して黙らせようにも、手元に落ち着いて作業をするのに必要なコーヒーはなく、感知器はそこら中で鳴り響いているし、子どもたちは家じゅうを駆け回ってネコを入れる箱を探しているから、簡単にはできなかった」。ネストのシステムの問題は、これだけにとどまらなかった。『WIRED』は2014年4月、こう報じた。「30億ドルという、非の打ち所のない値段でグーグルに買収されたネストだが、本日、ジェスチャーでコントロールする煙感知器Protectの販売を停止するという驚きの発表を行った。この装置のウリの1つが、手振りでスイッチを切れるところだが、それ以外のジェスチャーでも意図せずオフ

になってしまうことが判明したのだ。トニー・ファデルCEOいわく、『そのせいで、本当に火事が起こったときに警報が遅れてしまう可能性がある』のだという。そいつは大変だ」

　ネストはなぜ、停止ボタンを感知器に付けなかったのだろう。ボタンは単純に押すだけでよく、コンピュータにも理解しやすい命令で、あいまいさもない。感知器は全体にはよくデザインされていたが、「止める方法」という基本的なユーザーとのやりとりの機能が欠けていた。このように、非常に優れたデザインをしている企業でも、ユーザーとテクノロジーとの基本的なやりとりの機能をつけ忘れてしまうことがある。それを避けるには、デバイスをさまざまな状況でテストするのが有効だ。

VII　テクノロジーの最適な用量は、問題を解決するのに必要な最小限の量である

　　完璧とは、もう付け加えるものがなくなったときではなく、削れなくなっ
　　たときを言う。

　　　　　　　　　　　　　　　　　──アントワーヌ・ド・サン゠テグジュペリ

　どんなプロダクトも、最初はシンプルなアイデアから始まるが、そのアイデアを形にするには、複雑なプロセスやデザインに関する決定を重ねていかなくてはならない。シンプルなものをデザインするには、複雑なプロセスが必要になることが多い。

　適切な量のテクノロジーを用いたプロダクトは、環境に溶け込むスピードが速い。そして人がテクノロジーそのものを意識しないことこそが、**効果的なカーム・テクノロジーの証明**になる。プロダクトが生活の中で機能し、仕事の流れにフィットすると、人はそのプロダクトの存在を忘れ、あって当たり前と思い込む。悪いことのように思うかもしれないが、溶け込まないのはもっと良くない。つたないデザインの技術を使う作業は、使うたびに文章問題を解かされるようなもので、ユーザーはテクノロジーの山の中から必要な機能を自分で見つけないといけない。

　優れたテクノロジーはたいていシンプルだ。その一方で、優れたデザインのプロセスはシンプルにはなりえない。**優れたデザイナーは、プロダクトの細部にこ**

だわり、思いついたエッジケースを徹底的に確認して、もうこれ以上は削れないというところまで不要な機能を外すことを恐れない。できるだけ少ないパーツでデザインする。機能が増えるほど故障の確率が上がり、複雑なシステムほど安全性の問題が起こりやすいからだ。

　ハードウェアの場合、**優れたデザイン**とは壊れる要素が**少ない**、つまり組み立てやすく、壊れる部品が少ないものを指す。サポートの必要性が薄く、すぐに作れて愛されるプロダクトだ。機能を増やすたび、開発やテスト、市場に対する説明、サポートが必要になる。システムが変わればアップデートも必要になる。機能の追加はどうしても必要な場合に限るべきだ。

複雑なものをシンプルにするアップル

　ゲイリー・ハストウィット監督の2009年のドキュメンタリー映画『Objectified』の中で、アップルのジョナサン・アイブは、次世代のMacを開発するたび、パーツの削減に注力してきたことを明かしている。複雑な加工の過程を通して、開発チームはいくつものパーツを機能に置き換えてアルミケースの中に組み込み、シンプルで統一感のあるデザインを実現した。しかし結果はシンプルに思えても、生産のプロセスは信じられないほど複雑だった。

　同じように、MacBook Airを最初に発売したときも、CD-Rドライブを外したことが大きな批判を集めた。それでもCD-Rドライブをあきらめたことで、すらりとしたフォルムの軽いコンピュータができ、今では大きな人気を集めている。しかしそれも、アップルをはじめとする各社がストリーミング媒体やウェブ接続の高速化、クラウド上のストレージ構築に長い時間と大きな労力をかけてきたからだ。

　インダストリアル・デザイナーのディーター・ラムスの有名な言葉に、「**優れたデザインは、可能な限りデザインをしない**」というものがある。何十年も前の言葉で、多くのデザイナーが引用しているが、誰もがこの言葉を知り、納得している中で、なかなかシンプルさを実現できないのはなぜだろう？

　理由の1つはスピードだ。基本的に、機能を満載したプロダクトのほうが、絞り込んだプロダクトよりも速く作れる。評価の過程をすっとばしてどんどん機能

を付け加えるだけならかなり簡単だ。また、複雑化はマネジメントの問題でもある。マネージャークラスでも機能を加える権限は持っているが、削る力を持った役職は限られている。

　デジタルなプロダクトなら、古くさいシステムと新しいテクノロジーの軋轢も複雑化の要因になる。私たちは話題になっている最新のプログラミング言語を試したがるが、そうした言語もいずれは過去の遺物になる。そして新しい開発サイクルに従事するデザイナーにとって、そうした「古い」コードは扱いに困るものだ。ちょうど、今の私たちが昔のコードに辟易するように。

　あらゆるプロダクトが、最初は複雑な状態から始まる。人生は複雑だし、現実は複雑だ。単純で、環境から隔離された「バブル」の中に鎮座するデスクトップコンピュータのためにソフトウェアをデザインするようなことはもう不可能だ。予測のつかない生活環境で、ほかの多くの情報プロダクトと競い合うのなら、複雑なシステム向けのデザインをやらないわけにはいかない。だからこそ、リサーチで得たインサイトや、考え出したコンセプトを絞り込み、ユーザーの手元にはできる限りシンプルなプロダクトが届くようにしなければならない。ユーザーのタスクを代わる必要はないが、**ユーザーができるだけ少ない労力で目標を達成できるようにする必要はある。**

　システムが解決すべき問題は何か。新しい機能を追加したいときは、「**本当に必要なものか**」を、楽しそうかどうかではなく、「**必要か**」**を自問しよう。**主要な問題を解決するものでないなら、作るのはやめるべきだ。マネージャーやステークホルダーの横やりが入ったら、彼らにも同じ問いかけをしてもらえばいい。

　私たちの住まいのテクノロジーがいいお手本だ。家の中のテクノロジーはさまざまな要素で構成された一種のシステムだ。照明にスイッチ、コンセント、ブレーカー、基本家電、冷暖房などなど。そして、どれもきちんと機能している。誰もが（調光器やファンコントロールのような珍しいものも含めて）基本的な使い方を知っていて、必要に応じて調整できる。その大きな理由は、インターフェースが非常にわかりやすく、明かりがついたときでも、やかんのお湯が沸いたときでも、結果に関するフィードバックが直接的に返ってくるからだ。システムの規格がほぼ統一されていることも理由で、住宅所有者は誰でもすぐにシステムを理解できる。

　ところが、その裏には膨大な努力が隠れている。現代の住宅の配線はとても複

雑でありながら高速で、電気技師は長い時間をかけて研修を受け、見習いとして過ごし、認定を得てからでないと1人で現場に出られない。しかしその複雑さは、安全で安定したシステムをデザインし、一般ユーザーとシステムとのやりとりを最小限に抑えるためなのだ。

　対して、リモコンや携帯電話による照明の操作はどうだろう。たとえば、クラウドファンディングのキックスターターで、お金を出してもいいと思える魅力的なシステムに出会った、あるいはHueのようなライトを買ってきてインストールしたとする。ボタンを軽く押すだけで家の玄関が開いたらいいなと、SmartThingsをインストールして、部屋に入ったら自動で明かりがつくシステムを導入したい人もいるだろう。

　すると突然、ものすごく複雑なシステムが目の前に立ちはだかる。統一された規格がないから、さまざまなソフトウェアの連携が取れていないことも多いし、アップデートも忘れがちだ。何週間か家を空けたら、システムそのものがバッテリー切れになり、家へ入れないなんてことも起こりかねない。1年前に興奮しながら夢中で設定したシステムも、今ではどのパーツがどこにはまるかもわからず、ゆっくり傾いていく家で暮らす羽目になることも考えられる。別れて出て行った恋人が、アカウントを共有しているせいで家に入れてしまう可能性もあるし、出勤時間や帰宅時間を知られたり、ネットでつながった体重計に乗るたびに通知が元恋人のところへいくこともあるかもしれない。

　システムの複雑さは一緒でも、標準化と最適化が済んでいないシステムは、ユーザーとの穏やかなやりとりができない。機能が増えた分、使う人の手間も増えている。

　テクノロジー業界は、安定性よりも高性能化を重視する傾向にある。家の電気系統は、住人が自分で直したり、配線をつなぎ直したりすることは想定せずに配線が組まれている。つまりテクノロジーをできる限り減らすには、単に使うテクノロジーの量を減らすだけでなく、複雑なシステムがある程度自力でトラブルに対処できるようにしなければならない。だからこそ、配線は地面に這わせているし、屋外のスイッチは防水で、調光用のつまみは関連するスイッチの近くにある。

　自分の家に住むために自分がシステム管理者になるわけにはいかないし、管理者を雇うわけにもいかない。自動化の賛成派を非難するつもりはないが、自動化

がもっと普及するには、電気と同じレベルまでシステムを安定させる必要がある。今のリモコン照明システムは、明かりをつけるまでに４つの手順が必要で、ほとんどの人にとってはスイッチのほうが便利だ。Hueのカスタマイズ可能な照明システムには、HueTapというスイッチが加わった。壁や机に取りつけるワイヤレススイッチで、押す際の運動エネルギーを動力にしているので充電の必要がない。

こうした小さくも前向きな一歩が、カーム・テクノロジーの基本原則の大切さを改めて教えてくれる。すなわち、**ほかにどうしようもない場合を除き、汎用性のない仕組みを導入するのはやめるべし**。たとえばリモコンや専用のアプリを使うのではなく、家にショートメッセージ（SMS）を送るのはどうだろう。アプリは携帯電話の機種によって動作しないこともあるが、SMSならどんな携帯電話でも送れる。最新のモバイル技術に頼ったテクノロジーは、ソフトウェアの更新のたびに壊れる可能性がある。その点、SMSやボタンなら、技術としての寿命は長く、使い方を学ぶまでの時間は短い。

基本的に、採用すべき情報伝達のモデルを検討するときは、そのモデルの寿命を考え、最新モデルは最後の候補にしたほうがいい。ほとんどのテクノロジーには、ユーザーが慣れ親しみ、開発者のニーズも満たせる機械と人とのやりとりのスタイルが存在する。クラッシュする可能性のある目新しいガジェットではなく、きちんと動作するものを作ることに力を入れよう。

Ⅷ　テクノロジーは社会規範を尊重したものでなければならない

人間社会では、文化に基づいた規範によって社会的圧力が生まれ、社会のルールに則ったコミュニケーションが展開される。それができない人は、社会学者のアーヴィング・ゴッフマンの言う「面目を失う」自体に直面しかねない[*5]。人とテクノロジーとのやりとりも例外ではない。デバイスやツールにはどれも、どの場面なら使っていいかという社会の想定がある。**社会的に「ノーマルな」テクノロジーとは、既存の規範に合致するもの、あるいは（もっと多いのは）社会に受け入れられるように、その過程で徐々に常識を変えてきたものを指す**。

マーク・ワイザーは「最も深淵なテクノロジーとは、その気配を消すことがで

＊5　アーヴィング・ゴッフマン著、浅野敏夫訳、『儀礼としての相互行為—対面行動の社会学』、法政大学出版局、2012年。

きる。そうしたテクノロジーは、ほかと区別できないほど日常生活に深く溶け込む」と言った[*6]。社会に受け入れられた技術は**目立たなくなり**、ほぼ見えない状態になる。都市文明が発展した社会なら、スマートフォンがそうだ。今の私たちは、誰かがスマホを使っていても二度見したりはしないが、十数年前であれば、誰かが携帯電話の画面をタップしている光景は周囲を仰天させたはずだ。

　文化的な「代謝」の過程が進むペースはテクノロジーによって異なり、中には常識化がまったく起こらないものもある。スマホはほんの１年か２年で当たり前と見なされるようになったが、Google Glassは３年たっても気味悪がられ、セグウェイは発売から10年が経過しても冗談みたいなアイテムだと思われている。

　「代謝」にはメディアの力が最も大きいが、テクノロジーの生みの親にも、プロダクトに対する不安や拒絶反応をできるだけ減らすよう、適切なメッセージをデザインする責任がある。新しい機能を食べやすい一口サイズで提供し、消費者が一時にたくさんのことを変えなくてもいいようにする必要もある。

　テクノロジーが社会にとって吸収しやすいものかどうかを測る一番簡単な目安は、その技術が**規範を取り戻す手段**と見なされるかだ。たとえば、めがねや車椅子、松葉杖を怖がる人はいない。どれも「標準（ノーマル）」に則った行動を取り戻す力を持ち主に与えるからだ。一方、何かを強化するテクノロジーは、「ノーマル」を超える力をもたらすが、それに対する反応は恐怖に近い。だからこそ新技術に関す**るメッセージでは、これは「ノーマル」の定義を広げるものだと伝えることが大切になる。もっとも、その過程はたいていゆっくりと段階的に進む。**

　電話が出たばかりのころの反応を想像できるだろうか。もちろん、電話は魔法のような刺激的な機械だったが、あまりにも目新しく、中には自分が部屋で遠くの誰かと話しているところを想像できない人もいた。というより、当時は**電話の登場で自分が社会的に孤立し、憂鬱な気分になるのではないかと不安に思う**人がたくさんいた。ところが会社や自宅に電話が置かれ、遠くの人との会話が常識になると、電話は孤立化を招くものではなく、**人と人をつなぐもの**だとみなされるようになった。

　電話はそうやって徐々に、何十年もかけて社会に消化されていった。うまくいっ

＊6　Weiser, Mark . "The Computer for the Twenty-First Century ." *Scientific American* 265, no. 9 (1991): 66-75.

た1つの要因は、最初は郵便局や銀行に公衆電話として置かれたことで、電話は「コントロール」されている、そんなに怖くないという印象が広まったからだった。電報という似た技術が先にあったことも大きい。電話による会話が始まった1880年代の時点で、電信にはすでに40年を超す歴史があり、「電報記事」は、アメリカやヨーロッパの日刊紙で当たり前に使われるフレーズだった。おかげで電話は社会をめちゃくちゃにするものではなく、電報の次の段階とみなされた。

　同じような革命は、携帯電話のカメラでも起こった。携帯電話もデジタルカメラも新技術ではなかったが、両者が組み合わさると一種のパニックが起こった。どんな場所でも隠し撮りが可能になったと思われ、カメラ付き電話は更衣室やオフィスへの持ち込みが禁止になった。**新聞はプライバシーの終焉と書き立てた。**多くの人が動揺したが、それでも5〜10年がたつと、カメラ付きの携帯電話も当たり前になった。

　すると何が起こったか。誰もがカメラ付き電話を買い、**写真を撮るという社会行動が当たり前になり**、家族の集まりでも、コンサートでも、レストランでも、みんな写真を撮るようになった。いつでも写真を撮れる能力は日常の一部になり、安全な行為と感じられるようになった。

　2005年、アップルはマルチタッチの大型タッチスクリーンという、人間とデバイスの新しいやりとりの方法を備えた携帯電話の開発を始めた。インターネット接続ができる初の携帯電話というわけではなかったが、これまでのどの携帯よりも画面がはるかにきれいになり、携帯電話でのウェブ閲覧は突如として楽しい体験に変わった。アプリもあとからどんどん増えていった。ここからは、このプロダクトの歴史を詳しく見ていくことにしよう。

　2007年6月29日、スティーブ・ジョブズは当時ばかばかしいと思われたプロダクトを世界に紹介した。iPhoneだ**【図2-9】**。金属とガラスでできたスマートなそのプロダクトは、手のひらサイズのなめらかな石のようだったが、奇妙なデバイスの中にはウェブブラウザや低解像度のカメラなどのアプリが組み込まれていた。

　消費者は軽いショックを受けた。キーボードはどこにいった？　なぜデバイスと同じ大きさの画面を備える必要がある？　アップルはなんで電話を作ったんだ？　大きな賭けのように思えたし、値段もかなり高かった。1つ確かなのは、

図2-9 2007年1月の初代iPhoneの発売を知らせるアップルのホームページ。初代iPhoneには、Apple Mapや『ニューヨーク・タイムズ』紙を「モバイル」閲覧できるウェブブラウザ、音楽プレイヤー、電話のインターフェースなどのアプリが組み込まれていた。

これを買う（一部のテック系ライターいわく「ベータテストする」）人はごくわずかになりそうだということだった。まったくいいアイデアには思えなかった。しかし現実は違った。

　最初、iPhoneは高級品とみなされていたから、アップルは**小規模なサプライチェーンでスタートして、需要増に合わせて供給も増やす体制を取ることができた**。2008年に発表された低価格な改良版には、第三者が開発したアプリをダウンロードできる新しい機能も付いていた。この時点で、消費者はiPhoneの性能をよく知っていたし、開発者なら99ドルを支払ってアップルのデベロッパーツールを購入し、次世代機のリリース時期を想定しながらアプリを開発できた。ほどなく、世界中から開発者が殺到するようになった。14歳の子がおもしろいアプリを開発し、完成した**ブーブークッションのアプリはニュースの見出しを飾って大きな話題を呼んだ**。こうした遊び心のあるアプリを通じて、iPhoneのアプリ開発の柔軟性が証明され、iPhoneは唯一無二のプロダクトになると同時に、**怖さも和らいだ**。その結果、会社ではなく、開発者やニュースサイト、アーリーアダプターがプロダクトのストーリーを語るようになった。

その後も、iPhoneの核となるハードウェア部分は進化を続けた。季節ごとに新しい改良点や新機能が導入され、みんなが一斉にその機能を使っていろいろなことを試し、それを使う新種のソフトウェアも生まれ、新機能と別の機能を連携させて使うことができるようになった。そのたびにApp Storeは成長し、新しい開発者と新しいお金の稼ぎ方を生み出していった。YouTubeにチュートリアルを投稿し、コードを教えるまだ10代そこそこの若い開発者もいた。ユーザーが自分で使い方を紹介することも増えていった。2015年中旬の時点で、App Storeで売られているアプリの数は150万種類を超え、ダウンロード回数は1000億回以上に達していた。

　アップルのiPhoneが市場の先駆者になれたのは、すでにあるものを改良したからだ。初代iPhoneはNokiaやBlackberry、Palm、Windows Mobileなど、市場を席巻していた標準的な携帯電話のインターフェースを改善したものだった。当時どの電話にも付いていたキーボードは、メールを打つには便利な反面、デバイスのおよそ半分を占めていた。そこでアップルは、キーボードを外して必要なときだけ表示することで、画面を広く使えるようにした。そうやってスクリーンをフル活用し、いろいろな場所をタッチしながら操作するアプリを作れるようになったことが、業界規模のパラダイムシフトを起こしたのだ。

　iPhoneがそこからプロダクトとして成熟していくにはさらに時間を要したが、仮にアップルが初代iPhoneに無数のアプリや位置測定、マルチタスク、大型スクリーンといった大量の機能をいっぺんに載せていたらどうなっただろう？　値段はさらに跳ね上がり、**デバイスはまったく未知の製品となって**、スマートフォンはほぼ間違いなく大失敗に終わったはずだ。しかしアップルは、機能やコンセプトを一度に1つずつ紹介した。だからユーザーはその考え方に自分を慣らす時間ができ、機能は常識になった。これとは逆に、ユーザーにとって必要のない機能を何も考えずどんどん盛り込んでいるデザイナーもいるのではないだろうか。形のあるプロダクトを作るデザイナーなら、機能を小出しにすることを考えてみよう。それがサプライチェーンに息をつき、改善し、進化する余裕を与える。

　一方、[図2-10]のGoogle Glassは、まさにそれが理由で失敗した。2013年に発売されたGoogle Glassでは、1600ドルを払ってグーグルの招待を受けないと、デバイスを買ってアプリの開発を始められなかった。**手を出しづらい謎めい**

たプロダクトになり、遊びの要素もなかった。発売時点で大量の機能を詰め込み、宣伝記事もたくさん書かれたが、まとまりがなかったからユーザーは混乱し、不安になった。

　注目すべき主役となる機能がなかったから、消費者は不安に囚われた。「Google Glassを着けている人は、いつも誰かを録画しているんじゃないだろうか」。Google Glassには、録画機器の必須パーツである録画ランプがなかった。そのせいで録画中かどうかがはっきりせず、多くの人がずっと撮影中だと思い込むようになった。実際には15〜20分も録画するとめがねがオーバーヒートし、充電が切れてしまうのだが。私も2014年、6週間かけて世界のいろいろな場所で、いろいろな年齢や国籍、社会的立場の人の前でGoogle Glassをかけてみたが、最初に聞かれるのはほぼ間違いなく「今も録ってるんですか?」だった。

図2-10
「Google Glass 狂 想 曲」
が 最 高 潮 に 達 し て い た
2013年9月、イングランド
のブライトンにあるバー
で、私のGoogle Glassを
かけてみる開発者のブレ
ナン・ノヴァク。

　2000年代には、カメラ付き携帯電話の機能を扱った記事が世にあふれ、そして2014年には、その記事の「カメラ」の部分を「Glass」に置き換えたニュースが世にあふれた。カメラ付き携帯電話と同じように、頭部に装着するウェアラブル機器もいずれは新しい社会のルールになるはずだが、まだ今はその段階ではない。Google Glassを着けた人は力を手に入れるが、同時にその力の限界を説明する必要にも迫られる。多くの人は、ずっとカメラを向けられていることに強い不快

感を抱いたから、めがねを外したほうがいい場面もあった。

　加えて、グーグルが作ったのはクローズドの**閉じたシステム**だったから、たくさんの人が有効活用したり、遊んでみたりできず、発見の興奮が得られなかった。グーグルがGoogle Glass関連で始めた「Explorers」というプログラムもあったが、実際には試せる使い方はかなり限定的で、参加者が製品を本当の意味で探索することはできなかった。

　プロダクトのリリースを成功させるために大切なのは、自社の対象とするオーディエンスを研究し、彼らが発する社会的なキュー（手がかり）や、テクノロジーにまつわる文化を知って、そのプロダクトが歓迎されそうか、されなさそうかを理解することだ。機能は一般に受け入れられたあとで徐々に追加していけばいい。プロダクトの使いみちや、手に馴染ませる方法を紹介することも大切だ。

　カーム・テクノロジーは現実世界に、人々とともに息づいている。人間の期待を尊重すれば、人もテクノロジーを尊重するようになる。

この章のまとめ

　この章で紹介したカーム・テクノロジーの原則では、さまざまな行動や想定を網羅してきたが、その軸となるのは注意力、信頼性、そして文脈という考慮すべき3つのキー要素だ。カーム・テクノロジーをデザインする際に必要なのは、人間の注意力を貴重なリソースとして大事に扱い、ユーザーが意識しなくても基本的な機能を果たせるレベルまで安定性を高め、そして使用する文脈を常に考慮することだ。こうした考え方は、どれも人間中心デザインやソーシャルデザイン、人類学の世界ではおなじみの考え方で、8つの原則はどれもその派生形と言える。

　今からでも遅くない。

　大切なのは、テクノロジーを「穏やか」にするのは継続的なプロセスだという点だ。プロジェクトの進め方の基準となるのは、アルゴリズムではなく、意思決定のための明確な価値観でなければならない。ここで学んだ原則を、現行の、あるいは新しいプロダクトにどう適用すべきかを探ってみてほしい。

今あるテクノロジーを穏やかにすることはいつでもできる。通知を別の形に圧縮したり、異なる通知方式を採用したりするのもいい。機能を絞り込んでリリースするのもいいし、視覚的なディスプレイをトーンやランプ、瞬間的な触覚フィードバックに替えるのもいい。分野の歴史を紐解いて、使いやすく歓迎されそうなプロダクトのアイデアを探るのもいい。

　この章で紹介したカーム・テクノロジーの原則は、実践では、ステータス表示やアラートの使い方という形でプロダクトに応用していくことになる。次の章ではみなさんのプロダクトに応用できる、穏やかにユーザーの注意を引くステータス表示やアラートを紹介していこう。

　最後に、この章のポイントをおさらいしよう。

- 人間の意識のキャパシティには限界があるということを忘れずに。最高に便利で、それでいてユーザーの頭にはできるだけ負担をかけないテクノロジーの構築を目指そう。

- インターフェースで情報を提示する際は、ユーザーがメインの活動を離れずに済む方法を考えよう。

- 意識の周辺部を使う方法を考えよう。テクノロジーは周辺部を活用できなくてはいけない。

- どんなプロダクトを作れば、人間の一番の強みを最大限に引き出しつつ、負担を最小限に減らせるかを考えよう。

- テクノロジーとユーザーとのコミュニケーションに声を使っていないだろうか。その場合は、何かほかの方法を使えないだろうか。ステータス情報を伝える手段を検討しよう。

- テクノロジーがうまく機能しなかった場合に何が起こるかを想像しよう。トラブルが起こっても使い続けることはできる低レベルモードは備わっている

だろうか。それとも完全に動かなくなってしまうだろうか。

● 問題解決のために最小限必要なテクノロジーはどのくらいだろうか。機能を
  そぎ落とし、プロダクトが必要なことだけをこなせるようにしよう。

● 自分たちがデザインしているテクノロジーが破りそうな、あるいはゆがめそ
  うな社会のルールはなんだろうか。ユーザーとプロダクトとが気持ちよく情
  報をやりとりできるのが理想の関係だ。

第3章

カーム・コミュニケーションのパターン

　この章では、過剰になりがちなコミュニケーションやインターフェースを「穏やかにする」のに役立つパターンを紹介する。パターンの作り方を説明するわけではないが、優れたデザインのカーム・テクノロジーに使われているさまざまなコミュニケーションのモードを解説し、現行のテクノロジーや、理論上、あるいは実験段階のプロダクトを例に、実際にどう使われているかを示してある。具体的には、いくつかの表示のタイプと、アンビエント・アウェアネス［空気を読む］、文脈を踏まえた通知、そして説得のためのテクノロジー（Persuasive Technology）というものを紹介していく。それぞれじゅうぶんな数の実例を取りあげるので、みなさんが取り組んでいるプロジェクトと似たものが見つかるだろう。幅広くさまざまな実例に目を通してパターンを理解することで、理論を説明するだけでなく、実例を使いながら周囲を説得できるようにもなるはずだ。

　ステータス表示と文脈を踏まえた通知を詳しく取りあげるのは、それらがテクノロジーと人間とのやりとりで一番多いからというわけではなく、**テクノロジーは、自分自身の存在を表明する際にうるさくなりがちだからだ**。アラートが適当にデザインされがち、つまりデフォルトの設定が使われがちな点も理由に挙げられる。デザイナーは、そうした機能がさまざまな状況の中にいるユーザーにどんな影響を及ぼすかを深く想像せず、デフォルトの視覚的なアラートやトーンを実装することが多い。しかし、ステータス表示の幅広い候補からプロダクトに合っ

たものを選べるようになれば、ランプやアラートに対しステレオタイプ的に抱く難しさのない、**使ったときの心地よさ**を生み出せる。

　説得のためのテクノロジーについて触れる最後のセクションでは、ソフトウェアやハードウェアのデバイスに関わるデザイナーやエンジニアが見過ごしがちな、しかし重要な概念を取りあげる。日常生活に溶け込むテクノロジーはどんどん増えているが、それでもテクノロジーとユーザーとの会話が続いていることを忘れてはならない。スマートフォンやウェアラブル端末を話題にするとき、想定されるのは常にオンの状態で、常に人間の声に耳を傾け、こちらから話を切り出さなくてもちょくちょく答えを返してくれるデバイスだ。そうしたテクノロジーは暮らしを楽にする大きな可能性を秘めている一方で、生活を複雑にする危険もはらんでいる。だからこそ、両者のあいだのフィードバックのサイクルを理解し、暮らしを楽にする可能性を高めることが重要だ。

ステータス表示

　これから話すステータス表示には、視覚と聴覚、手で触った感覚を中心とした触覚的なタイプと、私が「ステータスシャウト」と名付けたタイプのものがある。

　この本では、視覚と聴覚、触覚を活用したアラートを集中的に取りあげる。一般的だし、組み込みやすいからだ。しかしもちろん、味覚と嗅覚を使ったカーム・テクノロジーも実現不可能ではない。たとえば、爪を嚙むくせを直したい人は、嚙んだときのお仕置きとして、苦い味のする無害なラッカーを爪に塗る方法が考えられる。直したい行動を取ったときにしか味はせず、それ以外の場面ではテクノロジーは完璧に存在感を消しているから、感覚を利用した警告の出し方としては抜群に優れている。嗅覚も、キッチンからいいにおいが漂ってくれば、嗅いだ人は急いで食卓に向かうだろうし、オフィスビルやロビーでさわやかな香りがすれば、訪れた人の気分をリラックスさせることができる。ほのかな香りでロマンティックなムードを演出する香水は、カーム・テクノロジーの原型と言えそうだし、子どもの新学期を控えた親には、子ども向けのにおいのするマーカーが人気だ。アメリカのレストラン、チリーズ・グリル・アンド・バーは、チキン・ファヒータの受け皿にジュージュー鳴る鉄板を使うようにして大成功を収めたが、そ

れは立ち上るにおいと鉄板の発する音が客の食欲を刺激したからだ。

　何かが起こったこと、何かまずい状況になっていることを知らせるテクノロジーは無数にある。ポップアップメッセージに文章での警告、ダイアログメッセージ、光の点滅、バナー、ベルにホイッスル。

　この本では、その中でも私が「カーム」だと思うテクノロジーや、ユーザーの生活に違和感なく溶け込んでいると思うテクノロジーを扱う。情報をポップアップメッセージや文章で提示するのは絶対にNGというわけではないが、そういう視界の中心を占領するものを実装する前に、セカンダリレベルに属するほかの方法がないかを考えてみてほしい。たとえばステータスランプなら、ユーザーはランプの色が変わったときだけシステムをチェックすればいいから、毎回状態を確認せずに済む。

　このほかにも、穏やかではないアプローチの前に試してみるべきものはたくさんある。

ー ビジュアル・ステータスインジケーター（視覚的なステータス表示）

　ステータスランプは、おそらく最も穏やかな情報伝達手段だ。また、あらゆるステータス表示の中で一番解像度が低くて構わず、ごくシンプルな情報ならLEDライトの点滅だけで伝えられる。

　ステータスランプは、重要度の低い、しかし定期的に発生する情報を伝える理想的な手段だ。Slackでは、新着メッセージがあるとアプリのアイコンに青い点が表示される。一般的な「メールを受信しました！」のようなポップアップメッセージと比べて、意図的にローテクなコミュニケーション手段を使っている。

　実際、私たちの日常生活にはステータスランプがあふれている。ステータスランプはほかのどのような表示方法よりも気を散らせることなく、多くの情報を伝えることができる。

　複数の色を使ったり、明るさを変化させたりすれば、ある程度の詳しい情報を伝えることもできる。何らかのマークやアイコンにステータスランプを表示する仕組みを作り、そこにメッセージを添えるようにすれば、ユーザーへの負担を抑えた強力な視覚表示になる。液体がいっぱいになる（もしくは空になる）容器のマークや、赤くなるトマトのアイコンなどは、便利だし簡単に組み込める。

ここからは、いくつか実例を紹介していこう。

オーブンの注意ランプ

ステータスランプの代表例が、オーブンが熱されているときに点灯する高温注意のランプだ。高級なモデルでは、オフにしたが中はまだ熱いときに知らせるランプが付いているものもあり、大切な情報をシンプルに伝えてくれる。

就寝ランプ

小さいころ、私は夜なかなか寝たくないと言って両親を困らせた。そこで父は、X10コントローラというデバイスを壁のスイッチに埋め込み、夜8時半になると点灯するランプを接続した。それからというもの、私は両親と一緒にリビングでぐずぐずしていても、ランプがつく時間になるとすぐベッドへ入り、反抗することもほとんどなくなった。ランプはすぐに私の生活の一部になった。まるで「もう寝る時間だよ」と両親に言われているかのようだったが、親と違ってランプには文句が通じない。

サーバのステータスランプ

サーバにステータスランプを設置すると、システム部はソフトウェアをモニタリングしなくとも、サーバが順調に稼働しているかを簡単に確認できるようになる。たいていはケーブル状のライトをシステム部のスタッフの目に入る壁や天井に這わせる。問題なくサーバが稼働しているときは緑に、確認すべき事項が発生すると黄色に、すぐに対処すべき問題が起こったり、サーバがダウンしたりしたときには赤く光るようになる。

光る蛇口

2005年に発表されたMITの論文では、光を利用した蛇口の導入が提案されていた [図3-1]。水温によって色が変化し、お湯が出るときは赤に、水が出るときは青に光る蛇口だ。それまで触覚で受け取っていた情報を視覚的なものに置き換え、手で触れる前に水の温度を示し、やけどを防ぐの

がねらいになっている。温度に反応して光る蛇口とシャワーヘッドは、す
でにAmazon.comで売り出されている。

図3-1

ヒートシンク。LED
ライトの付いた蛇口
ホルダーが、出るの
が水かお湯かを視覚
的に教えてくれる[*1]。

カーラジオのつまみがなくならないわけ

　とあるテクノロジー業界の会議で聞いた話なのだが、車載タッチスクリーンは研
究室レベルではテストされたことがあるものの、一般道で、運転手がハンドルを握っ
ている状態での試験はまだ未実施だという。タッチスクリーンのシステムはひどく
運転の邪魔になるから、操作はほとんど不可能なのだ。だからこそ車には、目を向
けなくても脳が場所を覚えている、シンプルな手動操作の仕組み（ボタンやスライ
ダー、回すつまみなど）が採用されている。ラジオなら、見なくても運転しながらつ
まみをいじれる。ラジオやCDプレイヤーのボタンを手で感じられる。まぶしいタッ
チスクリーンは、ダッシュボードに組み込んだら夜道を走るときに邪魔になる。そ
の場合は使いやすさだけでなく、安全性の面からも、すぐに輝度を落とせる物理的
なダイヤルを設置することが重要だろう。

＊1　Bonanni, Leonardo, Chia-Hsun Lee, and Ted Selker. "Attention-Based Design of Augmented
Reality Interfaces." Proc.CHI 2005.(*https://web.archive.org/web/20051108192401/ http://
web.media.mit.edu/~jackylee/publication/lbr-484-bonanni.pdf*)

光る歯ブラシ

　もうおなじみの方もいるかもしれないが、電動歯ブラシの中には、歯磨きの推奨時間である2分間オンの状態を保ち、2分経つと音で時間が来たことを知らせてくれる種類のものがある。しかし、歯磨きそのものを忘れてしまったことを知らせる歯ブラシは、まだ知らない人のほうが多いのではないだろうか。その歯ブラシは、朝や晩のいつもの時間になると、持ち手やランプが光って知らせてくれる。使用するまで規定の時間ずっと光り続け、そのあとリセットされて、次の予定時間になるとまた光る。

　こうしたアイデアの派生形として、早稲田大学とベル研究所、ランカスター大学の研究チームが開発したのがバーチャル・アクアリウムと連動した歯ブラシだ。この装置では、鏡をベースにしたディスプレイに魚を表示し、歯ブラシのほうには加速度計が付いていて、それを使って使用者が正しく歯磨きができているかを測定する。表示される魚の健康は、歯磨きのペースと結びついていて、毎日忘れずに歯を磨くと魚は元気に泳ぎ続け、忘れると弱ってしまう。これが歯磨きの大きなモチベーションになることはさまざまな文書で十分に裏付けされていて、子どもたちだけでなく大人にも歯磨きを習慣づけるのに非常に効果的なようだ*2。

　この技術は、テクノロジーと人間との穏やかなやりとりのお手本だ。不快なビープ音やメールで「歯を磨きなさい」と押しつけがましく知らせるのではなく、ランプの色や点滅、もしくはビジュアルグラフィックを活用した通知を使っている。スマートフォンやPCの画面の通知アイコンと同じように、静かに使用者の注意を引く。このように、実際に使う場所にいるときだけ目に入ることが、文脈を踏まえたスマートな通知の1つの条件になる。

　光の色も重要だ。赤は切迫感があり、一方で青の光はもう少し穏やかに時間が来たことを知らせる。光る歯ブラシは自律型のデバイスでもあり、内部にタイマーが搭載されているから、外部のネットワークやアプリ、

＊2　Tatsuo Nakajima, and Fahim Kawsar. "Designing Ambient and Personalised Displays to Encourage Healthier Lifestyles." (*http://www.fahim-kawsar.net/papers/Nakajima. JAISE2012.Camera.pdf*)

Bluetoothにつなぐ必要はない。インストールやアップデートが必要なアプリケーションもなく、別のデバイスも必要ない。つまり光る歯ブラシは、人間の習慣を改善する自己完結型のプロダクトだ。これほどシンプルなものもないし、カーム・テクノロジーの原則Ⅶ「テクノロジーの最適な用量は、問題を解決するのに必要な最小限の量である」のいいお手本でもある。

自動で膨らむ吸入器

もう1つ、別のタイプの視覚的な表示として、ぜんそく持ちの子どもの治療に使う吸入器がある。吸入器は機械の体を持った「ペット」として子どもの世話を必要とする。ペットの体は毎日朝になるとパンパンに膨らみ、子どもは吸入器を使ってしぼませることをペットの世話として感じる。そうやって、毎朝薬を吸入することを穏やかに習慣づけることができる。子どもと吸入器の関係は、たまごっちのようなナノペットと持ち主の関係に似ている。

― ステータスストーン（音調を使ったステータス情報の提示）

音は重要だ。音はデバイスやウェブサイト、ソフトウェアを使っているユーザーを落ち着かせることも、不安に陥れることもある。**歓迎するような心地よい音は、体験の印象を一変させ**、ユーザーのいら立ちを鎮める。

オン／オフを知らせるだけの単純な音とは違って、ステータスを知らせる優れたデザインのトーンは、（優れたデザインのステータスランプと同じように）その機械が発したものだということをしっかり伝えつつ、ユーザーの意識にはほとんど負担をかけない。言葉でのコミュニケーションだと、どうしてもユーザーの注意を強く引き邪魔してしまうが、トーンならそれもなく、それでいて情報は伝わる。

ステータス提示には、単に任意の音を鳴らすだけではなく、トーンを工夫する必要がある。たとえば日本の多くの工場では、生産ラインの停止を知らせるのに、ライン別に設定した短い音楽を使っている。音楽は、これから何が起こるかを知らせるのと、工程を自分がある程度コントロールしている感覚を作業員にもたらすという、2つの機能を果たしている。しかも、問題のある場所を全員にすぐ伝えられるメリットもある。

音が生み出す違い

　アップルのPCの起動音は、ステータスの移行を穏やかに知らせるトーンのお手本だ。もっとも最初からそうだったわけではなく、初期型Macの起動音はうるさかった。アップルのサウンドデザイナーを務めたジム・リークスは、サウンドデザインやプロダクトデザインをテーマにした最近のポッドキャストで「創業当初のコンピュータは完璧とはほど遠かった」と明かしている。1988年から1999年までアップル・コンピュータ（のちのアップル）で働いたリークスは、当時のMacの起動音が気に入らなかったそうだ。

「当時のMacはよく落ちた。そして再起動するたび、ユーザーは不快な音でPCがきちんと終了しなかったことを知らされた。何度も何度も作業内容が失われ、そして電源を入れ直すたび、その恐ろしい音が響いた。そこで考えたのが、鐘の音やお経に似た、禅の修行や瞑想を想起させる音だった[*3]。」

　最初は会社の許可が下りず、新しい音に置き換えることはできなかったという。そこでリークスは試作品を作り、その音の人の心を落ち着かせる力を活用して、同僚の支持を勝ち取った。そして、アップルのデバイスを起動させたときの「ジャーン」という音は、アップルブランドの1つの代名詞となった。

　ステータストーンは単体でも使えるが、ステータスランプを**強調する**のにも使える。ほかの視覚情報と組み合わせて使うことも多く、まずは音でステータスの変更を知らせ、その情報を長く示すのにランプを使ったりする。

　ステータストーンは、多くの場面で穏やかに情報を伝える優れた手段になるが、あらゆる情報提示の仕組みがそうであるように、効果的かつ落ち着いたデザインを行うには注意が必要だ。優れたデザインのトーンは、ほかの音（使用が想定される状況で鳴っていそうな音など）に交じってもしっかり聞き取ることができ、それでいてユーザーをその環境から無理やり引きずり出すことはない。ユーザーの邪魔をするタイプの効果音は、あとの項で紹介する「ステータスシャウト」に取っておいたほうがいい。

　優れたステータストーンをデザインするための明確かつ簡潔なルールはない

＊3　　ポッドキャスト「The Sizzle」の2015年に公開された第148回「99％目に見えない」から引用した。(*http://99percentinvisible.org/episode/the-sizzle*)

が、いくつかの基本パターンと無数の成功例がある。おなじみのものも、実験段階のものも含めた効果的で穏やかなステータストーンをここでいくつか紹介し、重要なポイントを取りあげていこう。

飛行機のコールボタン

　飛行機では、乗客が頭上のコールボタンを押すとステータストーンが鳴り、助けを求めている客がいることが乗務員に伝わる。副次的なシステムとしてランプも使われていて、その客がどこにいるかもわかるようになっている。客は助けが必要なことを音で知らせることができ、しかもその音は別の人が消すまで鳴り続ける。このうえなく穏やかに、人と人との交流を促すテクノロジーだ。

メロディーが鳴る洗濯機／衣類乾燥機

　みなさんは、うるさい音で作業終了を知らせる洗濯機や衣類乾燥機に出会ったことはないだろうか。家の別の場所にいる人に知らせるためではあるのだが、そうした音は無遠慮でイライラさせられる。そこで生まれたのが、終わったときにメロディーが鳴る洗濯機や衣類乾燥機だ。たとえばサムスンの新しい洗濯機は終わると短い音楽が鳴るし、ほかにはふたを開けるとまるで機械が作業終了を喜んでいるかのように、穏やかな明るい音が鳴るタイプもある。独り暮らしをしている人、1人で働いている人にとって、こうした簡潔ながらも陽気なトーンは少し気持ちを浮き立たせ、普段なら面倒な作業に彩りをもたらす。それでも、適切な音量を設定することはとても重要だ。使われる状況が多岐にわたる場合は、ユーザーの側で音量を調節できるようにするのが賢明だ。

インスリンポンプ

　インスリンポンプは、使用者に情報やタイミングを知らせるのにビープ音を使っているが、トーンが穏やかだから着用者をいら立たせることはない。ポンプは進んで着けたいデバイスではないが、糖尿病の治療中の人にとっては毎日付き合わなくてはならない必要悪でもある。インスリンの量

や血糖値に注意すべきタイミングが来たことを着用者に知らせる必要があるが、同時に私生活の邪魔になるような警告音は望ましくない。そのバランスがうまく取れているかどうかで、インスリンモニターやポンプ[*4]が患者に受け入れられるかが決まってくる。

ロボット掃除機のルンバ

　ルンバは自動で床を掃除してくれる電動ロボットで、ディナープレートほどの大きさの円盤形をしている。ルンバは掃除が終わると幸せそうな音を、逆に部屋のどこかにはまってしまったり、部屋が汚くなったりすると悲しそうな音を出す。それを知らせるための副次的な表示システムとして、オレンジ色や緑色のステータスランプも使われているから、トーンを聞き逃しても、別の迷惑ではない方法で情報を受け取ることができる。ルンバが親しみやすいテクノロジーなのは、身動きが取れなくなって助けてほしいときも、購入者に代わって自分で判断することがないからだ。

— ハプティックアラート（触覚を通じた警告）

　ハプティックアラートとは、**体で感じられる物理的な通知の仕組みを指す**。現在最も一般的なのは、ほかの人に知られたり、社会生活の邪魔をされたりしたくないスマートフォンのユーザー向けのアラートだ。あるいは、音声や視覚的なフィードバックと連動させながらセカンダリレベルで触覚的なフィードバックを返し、情報に厚みや細部を加えるものもある。代表例はゲームのコントローラだろう。一般的に、触覚的なフィードバックは文脈に大きく左右される。本人だけに直感的に知らせるものも多い。ほかのさまざまなデジタルコミュニケーション以上に、「直感で分かる」のがハプティックアラートだ。

　視覚的なものや聴覚的なものと比べて、体に知らせる通知は、使われる頻度の点でも、知らせる情報の細かさの点でも、情報伝達の経路としてまだまだ未開拓だ。聴覚以上に**人間の触覚は解像度の高い情報を受け取る**が、感度の高い部位とそうでない部位があり、またほとんどはオンかオフか、あるいはメッセージの有

＊4　　インスリンポンプ・フォーラム2010の「父にはメドトロニックポンプの音が聞こえません」より。

無といった１ビットの通知がシグナルとして使われている。ここ10年は、ヒューマン・コンピュータ・インタラクションの分野ではおもしろい研究が行われていて、その中には触覚を幅広く活用する方法を専門に扱ったものもあるが、デザイナーは基本的に、そういった新しいアプローチには二の足を踏みがちだ。

　触覚を活用した通知は、単純な振動だけに限らない。人間の感覚を刺激してメッセージを伝える方法は多種多様だ。モールス信号からスマートフォンの振動音、ゲームのコントローラまで、人間が感じ取れるアラートのパターンはどんどん増えている。カーム・テクノロジーでは、人間の意識のキャパシティを尊重し、ユーザーに理解できる範囲内で、渡す情報の量をできる限り減らさなくてはならない。触覚を使って情報を伝える仕組みに精通し、活用すべき適切なタイミングを理解できれば、プロダクトやサービスのデザインは大きく改善する。

　ここからは今ある、あるいはこれから登場しそうなハプティックアラートの実例を紹介していこう。

ゲームのコントローラからのフィードバック

　ゲームのコントローラには、触覚的なフィードバックが備わっている。プレイヤーの集中力を維持しながらゲームの世界に深く没頭させ、しかもすでに大量に返ってきている視覚的、聴覚的なフィードバックを増やさないための仕組みだ。おかげでプレイヤーは、ゲームのサウンドやビジュアルに対する集中を切らさずに決断を下し、プレイの精度を上げられる。コントローラの振動はセカンダリかターシャリの通知で、視野を使うことはまったくないから、プレイヤーは一番のタスクであるゲームプレイに集中できる。

スマートフォンの振動

　一番基本的なハプティックアラートは、「何かが起こった！」ことを知らせるものだ。最近ではスマートフォンの振動も解像度が上がり始めていて、メッセージの受信やアップデート、電話の着信などの種類ごとに振動のパターンを変えるようになっているが、その振動の違いをはっきり感じ分けられるほど差別化できているとは言えず、一貫性がない。

スマートウォッチのアラート

スマートウォッチは、ユーザーに情報をしっかり伝えるのに便利なデバイスだ。スマートウォッチを通じた情報には単純なメッセージ（「家の明かりがつきました」や「サラが無事に帰宅しました」、あるいはもっと個人的な「ほかの人がぜんそくの発作を起こした地域に近づいています」、「もう時間も遅いので食事を取りましょう」などなど）もあるが、ユーザーがもっと詳しいことを確認してスマートフォンで対応したくなるものもある。スマートウォッチ経由の情報は、スマートフォンで受け取るよりも理にかなったものに思える。スマホのインターフェースを開いた瞬間のように、ニュースや警告、友人や家族からの連絡が目や耳に次々に跳び込んでくることがなく、そうしたものに邪魔されずにメッセージを受け取れるからだ。

アンバーアラート（緊急警報）

消費者のラジオ離れやテレビ離れ、固定電話離れが進む中で、緊急警報を受け取る仕組みの必要性が高まっている。その点で、独特のトーンと振動を使うスマートフォンのアンバーアラートは、ほかのどのモードにも優先して提示され、ユーザーの注意を引く。それでも帯域制限の問題で、警報を送るべき地域のすべての携帯電話に緊急メッセージが届くわけではない。この場合は当該地域のすべての人が聞こえるような大きい音で、実際に警告を送る仕組みのほうがふさわしいだろう。

Lumo Liftの姿勢矯正センサー

Lumo Liftは腰に巻いて使うセンサーで、着用者の姿勢の変化を検知する。正しい姿勢のときは何もしないが、背中が曲がると腰のデバイスが振動してそのことを知らせ、着用者に姿勢を意識するよう促す。さまざまな感覚を活用して問題を知らせる、カーム・テクノロジーの好例だ。デバイスが穏やかなのは、行動（猫背）を変える必要が生じたときだけそのことを教え、（効果音での通知のようには）ほかの人には伝わらず、（視覚的な通知のように）視界を遮ることもないからだ。まさにカーム・テクノロジーのお手本と言ってよく、メッセージを送るべき場面が来るまでは黙っていて、姿

勢が悪くなったときにはたしなめるという、デバイスの目的をしっかり果たせている。

振動型の経路ナビ

　車の運転中、カーナビに目を向けてから同乗者と会話しようとした経験はないだろうか。カーナビは音と映像で方向を指示するデバイスだから、どうしても会話はおざなりになる。こうした状況は日常生活のほかの場面でも多くあり、たとえば歩きスマホは周囲の状況を認識できなくなるから非常に危険だ。

　そんなとき、方向指示の情報を振動音のパターンに圧縮し、触覚的なフィードバックとして返せる可能性がある。たとえば２回振動したら左、１回なら右と設定し、曲がり角が近づいたら振動が強くなるようにすれば、ある種の日常生活のモールス信号として機能させることができる。うまくやれば、ユーザーは画面をじっと見て、音声ナビに耳を傾ける必要がなくなるから、運転や会話、歩行、目と耳で行う体験に集中しつつ、同じ(場合によっては目と耳で受け取る以上の)解像度のデータを入手できる。運転中など、安全性が高まる場面もあるだろう。目で確認しなくていいなら、集中が削がれることも少ないからだ。

　「目を自由にする歩行者ナビゲーションのための触覚的コンパス」と題した論文[5]では、振動で北を知らせるベルトを被験者に６週間着け続けてもらう実験が紹介されている。調査を終えたある研究者は「方向認識という第六感」を手に入れたと話し、どこかを歩きまわる夢を見たときも、方向を知らせる振動を感じたと振り返っている[6]。

　もっと具体的な実用化の進展の話をすれば、アップルとグーグルは2014年と2015年に、各々のナビゲーションシステムに触覚的な要素を組み込

[5] 　Pielot, Martin, Benjamin Poppinga, Wilko Heuten, Jeschua Schang, and Susanne Boll . "A Tactile Compass for Eyes-free Pedestrian Navigation," 2011 . (http://pielot.org/wp-content/uploads/2011/05/Pielot2011-TactileCompass.pdf)

[6] 　feelSpace: Report of a Study Project . (May 2005) Universität Osnabrück . Institute of Cognitive Science Department of Neurobiopsychology . Retrieved April 22, 2011 . (https://www.yumpu.com/en/document/read/29394959/feelspace-final-report-cognitive-science)

んでいる。アップルはApple WatchやMapを使っているときに経路を指示する触覚的なフィードバックを構築し*7、グーグルもGoogle Mapで同じことができるようにした。

ー ステータスシャウト

ステータスシャウトは、煙や火に関する警告、やかん、電子レンジなど、人の生命や安全に関わる非常に重要な情報や、ピンポイントのタイミングで伝えたい情報に使用するべきものだ。音声が使われる場合が多いが、視覚や触覚で伝えることのできるステータスシャウトを考えてみよう。

音声を使ったステータスシャウトの問題点は、音が聞こえないとまったく意味を成さないエッジケースがあることだ。だから今後は、視覚的、触覚的なステータスシャウトが解決策になっていく可能性もある。

たとえば、全国にソーラーロードが敷設された世界では、どんな視覚的なステータスシャウトが採用されているだろうか。適宜忠告してくれるインフラが完備され、外に出たらいつでも警告を目にすることができる世界。そこでは青や緑のステータスシャウトが道を彩り、指示灯が高い場所への避難の仕方をナビしてくれるかもしれない。

LEDの街灯は、ステータスシャウトや緊急情報の表示に使える。システムをビルにつなげば、地震などの災害時に避難経路を知らせる警告灯をつけることができる。

触覚的なステータスシャウトならどうだろう。たとえばすべての携帯電話が**緊急時に強く振動する**ようになれば、簡単には無視できないデジタル信号になる。今はメールでの警告が一般的だが、文章は「叫ばない」から簡単に黙らせたり、見逃したりしやすい。その点、強い振動なら緊急警報がしっかり伝わりやすくなるはずだ。今あるプロダクトの通知を有効活用する方法もある。家庭ならネスト社のサーモスタット、お店ならネットとつながったスクエア社のカード決済機などに応用の余地がある。

救急車はステータスシャウトを使い、急を要するから道を空けてほしいという

---

*7　ギズモードの2014年の記事「Apple Watchの振動による経路ナビ」より。(*http://gizmodo.com/apple-watch-will-give-you-a-buzz-when-its-time-toturn-1632557384*)

ことを周囲に伝える。地震や竜巻の警報は「身の安全を確保してください！」と叫ぶ。**優れたステータスシャウトにはあいまいさがない。**やかんも、オーブントースターも大きくて鋭い音がするが、片方は甲高い音、もう一方は鐘の鳴るような音だ。この2つは何かが完了したことを知らせるが、煙の検知器などのように、**まずい状況になっている**ことを知らせるものもある。

　ステータスシャウトをデザインする際は、まず、本当に急いで伝えるべき情報かを考えよう。その情報は、身の危険が迫っていることを示唆するものだろうか。すぐに対応したり、周囲の全員が気を引き締めたりする必要があるものだろうか。緊急車両のサイレンは数百メートル離れた場所からでも聞こえるから、道の途中にいる運転手に車を脇に寄せる時間を与える。洗濯機や衣類乾燥機の終了音は家のどこにいても聞こえる。大音量のステータスシャウトには、楽曲を使ってもいい。警告を発する頻度を考え、**頻度を上げるならその分だけ音は静かにしていこ**う。1日に複数回、あるいは週に2、3回伝える情報なら、トーンを抑えないとユーザーは不快に思ったり、機能をオフにしたりしかねない。

　ここからは、ステータスシャウトの実例を紹介していこう。

シートベルトリマインダー

　最近の車は、シートベルトの着用／未着用を視覚的に知らせるだけでなく、座席に重量がかかっているのにベルトが締まっていないと、そのことを音で伝える。助手席に荷物を置いただけで音がするのは困りものだが、効果的な仕組みでもあると思う。私自身、音が鳴ったとたん、その音を止めようと本能的にベルトを掴み装着する人を何人か目にしたことがある。

煙感知器

　煙感知器が発する音は聞き間違えようがないほど鋭く、聞いた人は一種のパニックを起こす。しかしそれは正しい。その瞬間に跳び起きなかったら生死に関わるからだ。一方、間違った警告は壊滅的な結果を招くことがあり、煙感知器はその意味でもよい教訓だ。1980年代のはじめのころまでは、料理中など、まったく危険ではないのに感知器が反応してしまうことがあり、それを避けるには電池を抜くしかなかった。そしてもちろん、

電池を戻し忘れ、電池の入っていない感知器が肝心なときに作動しないという問題が発生した。この問題は今でも頻発し、火事が起こったのに感知器が作動せず、犠牲者が出るケースはあとを絶たない。

　そんな中、キャンプ用品大手のコールマンが、デザイン会社のZiba[8]とともに自社の煙感知器のデザインの見直しに着手し、感知器を一時的にオフにする大きな丸ボタンを取りつけることを思いついた。ほうきの柄で簡単に押せる通称「ほうきボタン」はとても好評で、コールマンのプロダクトはすぐさまシェア4割を占めるようになり、ほうきボタンは数年で業界標準になった。コールマンはまた、部屋の種類ごとに機能の異なるプロダクトも売り出した。寝室用の感度の高いタイプに、廊下用の明かりが付いたタイプ、キッチン用の感度を調節できるタイプ。おかげでシェアはさらに伸びた。皮肉な話だが、購入者が装置の「仕事」を邪魔しやすくなったことが、逆に感知器の安全性を高めた。

　煙感知器からデザイナーが引き出せる教訓は明確だ。ステータスシャウトを作るときは、機械の長所が短所に変わる可能性にとりわけ注意を払い、簡単に黙らせたり、うっとうしさを和らげたり、そもそも鳴らないようにしたりする機能を盛り込もう。

駐車場のブザー

　最近の都市圏の駐車場には、車が出てくることを大きな音で周囲に知らせる機能が付いているが、近くを走っている車にとって、このシステムはトラブルのもとにもなっている。音が別の警告音と似ているのだ。車内の一時的なビープ音と、外のブザー音が同時に聞こえると、運転手は混乱してパニックを起こし、結果的に何も音が鳴らなかったときよりも危険な状況になりかねない。

　このように、ステータスシャウトを作る際は、ユーザーの周囲にあるほかのシャウトとバッティングしないかを確認し、状況に合った音、少なくともほかの警告音を邪魔しない音をデザインする必要がある。

---

*8　コールマンの煙感知器。Zibaのウェブサイトより。作成日不明。(_http://www.ziba.com/work/coleman-safe-keep-smoke-detector_)

緊急車両のサイレン

パトカーや救急車、消防車などの緊急用の車両では、緊急用の音声が周囲に存在をアピールする役割を果たしている。サイレンには、音を発している車と、危険をもたらしうる緊急事態への注目を集め、まわりの車のテンポを変える効果がある。周囲の車にスピードを落とし、道の脇へ寄るように促すことで、緊急車両が喫緊のタスクをすばやくこなせるようにするという、直接的な機能も持っている。

ステータスシャウトは、どれも周囲の人の行動を変える。重要なのは、聞いた人が最も建設的な行動を取る音をデザインすることだ。

終業のベル

大音量のステータスシャウトは、必ずしもネガティブな知らせである必要はない。たとえば終業のベルなどは前向きなステータスシャウトの典型例で、大きなはっきりした音が、先生と生徒に「遊びとおしゃべりの時間だ」と知らせる。同じように、何らかの講座やシフトの終了、あるいはお昼休憩の時間を知らせるベルも、状況に前向きに介入するステータスシャウトだ。こうした音は、聞いた人を手がけている活動から引き離し、組織が休憩や中断の重要性を理解していることを知らせる。

アンビエント・アウェアネス

人間の意識には、どのくらいの感知範囲があるのだろうか。高解像度の情報を知覚できるのは正面だけで、その先は視野の周辺になり、存在や色は感じ取れても、細かい部分まではわからない。**アンビエント・アウェアネスでは、そうした周辺部の空間を活用して認識させる**。視野の端に視覚情報を表示することもあれば、かすかなトーンや振動で注目すべきことが起こっていると知らせる場合もある。アンビエント・アウェアネスは**デフォルトで表示する通知、つまり必要に応じて表示する情報（オプトイン）ではなく、基本的には常に表示されていて、必要に応じて消せる情報（オプトアウト）だ。**

私たち人類は、ほかの人間や周囲の環境から直接情報を受け取ることで進化してきた。**メッセージや情報を受け取る体験は、触覚をはじめとする感覚を豊かに刺激する**と同時に、ボディーランゲージや口調、短い感情表現を通じた豊かな人間味の要素も持っている。**人間の脳は、そうした情報を採り入れて処理し、一番重要なものに集中するように進化してきた。**しかし、テクノロジーによって生活環境が変わった今、私たちは新たな環境に適応し直していく必要がある。

　第2章では、ユーザーを情報の海で溺れさせないためには、意識の周辺部を活用して注意を引くことが重要だという話をしたが、アンビエント・アウェアネスはまさにそのためのツールになる。「周辺部を使った注意喚起」と「アンビエント・アウェアネス」は、置き換え可能な同義語と言っていい。アンビエント・アウェアネスとは、「異なる種類の通知」というより、「**できるだけ、人の認識範囲内における注意負荷を減らそう**」という原則に乗っ取っている。そうすれば、ユーザーは状態の変化を常にチェックする作業に気を取られずに済む。アンビエント・アウェアネスとは、基本的には原則III（周辺部を活用する）の別の言い方だと思ってもらえばいい。

　ワイザーとブラウンは「周辺部を使った注意喚起」という表現を使ったが、「アンビエント・アウェアネス」は、デザインの影響が及ぶもっと幅広い状況を指しているように思えるし、デザインを通じたウェルビーイングを指す言葉のような印象もある。そのため、最近ではこちらのほうが一般的になってきているようだ。

　アンビエント・アウェアネスのポイントは、ユーザーを圧倒しようとしないことだ。ビーコンや発信機を使ってアンビエント・アウェアネスを活用したいなら、状況を考える必要がある。ビーコンの大きさや設置場所が重要で、意識のどこを狙って通知を発するかを論理的観点と直観の両方で決めなくてはならない。情報は意識の周辺部で示すべきか。それは視覚のレベルか。触覚的な情報は自動的に周辺化するのか（ずっと小さく振動し続けるなら周辺化するが、警告がわりに強く1回振動するだけなら存在感が増す）。大きすぎる情報はユーザーの邪魔になるし、かといって小さすぎれば見過ごされる。大切なのは、候補となるアプローチがしっかり機能しているか、つまりユーザーが主要タスクから意識を逸らすことなく、情報を察知できているかをテストすることだ。

　ワイザーとブラウンはよく、個室オフィスの窓と、「ライブワイヤー」というイ

ンタラクティブなアートプロジェクトの2つを例に使っている。どちらもとても重要なものなので、ここで改めて紹介しよう。理想的な実例だから、この2つを見ていけば、情報をうまく空間の中に置くという基本概念が理解できるはずだ。どちらも非常に巧みに重要な情報を伝えつつ、使用者の意識に不必要な負担はかけていない。

「The Coming Age of Calm Technology（カーム・テクノロジーの新時代）」の中で、ワイザーとブラウンは、個室オフィスに窓を設置すれば**[図3-2]**、それがまわりの状況を察知する双方向的なチャンネルになり、**意識の周辺部の幅が広くなる**と述べている。たとえば窓があれば、中の人は、外が騒がしくなっているかを仕事を中断せずに確かめられる。必要な分だけ外が見えるから、**そこまで集中しなくても情報収集のニーズを満たせる**。

廊下を歩く人の姿（お昼休憩に入った、あるいは大きな会議が始まるという情報）を見せたり、電話をしている自分のほうを3回ものぞき込んでくる人がいると知らせる（どうしても会いたがっている、もしくはアポイントメントを忘れているという情報）ことで、窓は中の人と近くの世界とをつなげる。

図3-2 個室オフィスの窓

「ライブワイヤー」*9はナタリー・ジェレミジェンコというアーティストが考えた長さ約2.5メートルのプラスチックの「スパゲッティー」だ **[図3-3]**。スパゲッティーはマーク・ワイザーの執務室のすぐ外の天井から垂れ下がり、天井部分には電動モーターが付いている。ワイザーとブラウンは「カーム・テクノロジーのデザイン」でこの装置を紹介していて、それによれば、「モーターは近くにあるイーサネットのケーブルと電線でつながっているから、情報がケーブルを流れるたびに小さく震える。ネットワークが混雑している時間帯には特徴的なうなりをあげ、トラフィックが少ないときは数秒おきに小さく振動する」のだそうだ。ライブワイヤーはおもしろいアート作品というだけでなく、PARCで働くITの専門家にとっては非常に便利な品だった。長いプラひもは振動すればすぐ目に入るし、音も聞こえる一方で、邪魔にまではならない。ネットワークのトラフィックに関する一定の情報を伝えつつ、それでいて端末にログインする手間は取らせない。ワイザーとブラウンはライブワイヤーについて「ソフトウェアを使わない、ほんの数ドルのハードウェアで、多くの人が同時に利用できる」と述べている*10。

図3-3
1995年、アーティスト・イン・レジデンスのナタリー・ジェレミジェンコがはじめて導入した、イーサネットとつながったインタラクティブなアート作品「ライブワイヤー」。ゼロックス・パロアルト研究所のワイザーの執務室の外に設置された。

*9　ナタリー・ジェレミジェンコによるライブワイヤーの紹介文。作成日不明。(*http://tech90s.walkerart. org/nj/transcript/nj_04.html*)

*10　Weiser, Mark, and John Seely Brown . "Designing Calm Technology." Xerox PARC, December 21, 1995.

視界の中央という貴重なスペースを占拠する通知の多くは、本来ならば**この形で表示するのがふさわしい**。それは何も、しなくてもいい邪魔をせずに済むからというだけでなく、**そのほうが信頼できて安心だからだ**。たとえば車の窓はアンビエント・アウェアネスをもたらす。運転中に外をまったく見えなくすることは不可能……というより、（雨や雪で）視界が遮られたら危なくて仕方がない。同じように、常に明かりがついていてほしいのはどういう状況だろう。余計なものが取り除かれるまで、音がずっと鳴っているべきなのはどういう場面か。街灯は常についていて、壊れたときだけ明かりが消える。穏やかな感覚的フィードバックを常に返し、何かが正しく動作していることを伝える。同じように、何かがバックグラウンドで「終わった」あるいは「処理された」ことがわかれば、ユーザーは達成感や、機械がタスクにきちんと対処してくれたことへの満足感を覚える。

　主要タスクを邪魔せず情報を伝えたいときには、こういうアプローチが有効なのだ。天気や時間帯によって色が変わるランプやLEDライトもそうだし、数種類のビーコンやディスプレイの色が状況に応じて変わっていく仕組みを作れば、もっと複雑なディスプレイやダッシュボードに注目するきっかけになる。飛行機のコックピットでは、主張の小さい視覚情報を使ってパイロットに状況の変化を刻々と伝え、特に注意すべき事態が起これば、ステータスストーンが補助的に起動する。ここからは、ほかの実例も紹介していこう。

飛行機内のトイレの「使用中」ランプ

　航空会社が一番心配している事故は、墜落ではなく、不用心な乗客の転倒だ。飛行機の機内は人間が過ごす環境の中でも特に身動きが取りづらく、そのため通路を歩きまわらなくてもトイレが空いているかわかることは、とても重要になる。だからこそ、各社はお金をかけて大きなランプを取りつけ、空室か使用中かがわかるようにしている。そうすれば乗客が無駄に立ち上がらなくなり、急な乱気流に突入しても、シートベルトを締めて着席している確率が高まるからだ。

　シンプルな絵表示の使用中ランプは全世界で普遍的に使われていて、翻訳の必要がない。基本的には赤と緑の２色が使われているが、同時に使用中は大きく×印も表示されるから、色覚異常の人も困らない。めがねを外

している人や、視力がよくない人でも、ちらっと見ればすぐわかる。

床の指示テープ

　以前参加したロッテルダムのある会議では、会場の床に色分けしたテープが貼られ、それが参加者を目的の部屋へ案内する役割を果たしていた。テープのラインは部屋への行き方を、色は対応した部屋を表していて、はじめて訪れた人でも迷うことがなかった。

天気で色の変わる電球（コンセプト段階）

　アーロン・パレッキがプロトタイプを製作した電球は、複数の色に光るLED電球をインターネットにつなぎ、専用のソフトを使って天気予報の結果を電球に教えることで、天気によって色が変わるようになっている。だからユーザーは、ウェザーチャンネルなどのテレビ番組を観たり、アプリを常にチェックしたりするよりもはるかに穏やかな体験ができる。明るい黄色の光は晴天を、グレーは曇り、青は雨、濃い青は大雨を表す。もっと知りたければ、壁に設置したiPadでさらに詳しい情報を確認することもできる。

　色を使って周囲の情報を伝えること、つまりまずは視界の周辺部を使って情報を提供し、もっと詳しい内容を知りたい人にはそのための選択肢を用意することで、ユーザーは外部情報の洪水に溺れずに済む。パレッキは同じ要領で、天気のように頻繁にチェックする情報（銀行口座のプラスマイナスやサーバの状態）のステータスを色で示す電球をいくつか実験的に作っている。複雑な情報が、緑は「OK」、黄色は「要注意」、赤は「問題あり」のたった３段階に整理されていて、ユーザーはわざわざサイトにログインして情報を確認する作業を１日に何度も繰り返さなくても、電球に目をやっただけで現状が確認できる。

Eメールガーデン（コンセプト段階）

　Eメールガーデン*[11]は、インダストリアルデザイナーのニック・ロドリゲスが作った人工の「花壇」だ。基本的にはプラスチックの容器に入った

緑色の光ファイバーケーブルの束なのだが、装置はロドリゲスのＥメールアカウントと連動していて、メールが届くたびに草に見立てたケーブルが「伸びて」いき、やがて机の上は便利な作業スペースから人工的なコミュニケーションと終わらない返信義務の必要性を知らせる花壇と化す。実用性は薄いが、Ｅメールガーデンは触覚と視覚を使ったアンビエント・アウェアネスの一端を味わわせてくれると同時に、100％事務的な作業に遊び心を加える。

文脈型通知

ステータスの表示やアンビエント・アウェアネスの変化には、必ず何らかのトリガーがある。文脈型通知の原則と、このトリガーへの理解を深めると、どんな状況なら通知がうまくはまるのか、どんな状況ではしっくりこないかがわかるようになる。「トリガー」は、なんらかの原因で通知という結果が生じる、いわば「状況のシフト」と言える。

トリガーには、事前、通知段階、事後の３つの状態が関わっている。通知のシステムを組む際は、どんな事前の条件や文脈がトリガーとなるかを明らかにし、最適なタイプの通知を見極め、事後の状況をテストする必要がある。

「時間ベースのトリガー」は、**一定の間隔で、もしくは事前に設定したタイミング**で作動し、たいていはアラートにステータスシャウトを使う。一番わかりやすいのが目覚まし時計だろう。目覚ましではまずアラームをセットし、セットした時間になるとアラームが鳴り、そのあとにはスヌーズ（一時停止）や停止、放置、あるいは電池を抜くといった状況が生まれる。同じように、キッチンタイマーも一定の分数や時間をセットし、それが過ぎると音がする。学校や職場、教会のベルも時間割に従ってセットされる。

基本的に、**こういったトリガーを持つ通知は機械的で、よそよそしく、冷たい印象を与えがちだ。**セットしたり、スイッチを入れたりしたデバイスが、将来の

＊11　ニック・ロドリゲスのＥメールガーデンについては下記を参照。(*https://sites.google.com/site/nicksculptor/paintings-1/email-garden*)

あるタイミングが訪れると、私たちに向かって叫びかけてくる。映画や漫画などのポップカルチャーには、残り時間を自動でカウントダウンするタイマーがよく登場するが、そうした機械が見た人の不安や危機感を呼び覚ますのは、温かみがないからだ。

　時間で作動する通知をデザインするときは、**必ず設定と調整、停止、電源オフが簡単にできるようにしなくてはならない**。目覚まし時計でスヌーズボタンが一番大きいのは、目が覚めたら簡単に止められるようにするためだ。iPhoneにも同じ仕組みが採用されているが、スヌーズボタンは少し押しにくい。オーブンのデジタルタイマーより、アナログのキッチンタイマーを好む人が多いのも同じ理由で、キッチンタイマーは個別のデバイスで操作しやすく、威圧感がないから穏やかに思える。

　「文脈ベースのトリガー」もある。ステータス通知はたいていこのタイプで、状況が変化したこと、関連のある何かが起こったことを知らせるために通知が出る。文脈ベースのトリガーを使った通知は、文字情報から、運転中にほかの車に近づきすぎたときに警告音を鳴らすセンサーまでさまざまだ。

　ユーザーがトリガーを設定した瞬間、そのユーザーはシステムの外側で起こる因子や外部環境によって影響を受ける立場になる。だからデザイナーは、システムの外でトラブルが起こったり、システムが浸食されたり、トラブルの件がそもそもシステムに伝わっていなかったりといったケースを想定しておかなくてはならない。こうしたまずい状況は、デザイナーが見過ごしがちな一方で、ユーザーにとってはしょっちゅう起こるのだ。

　たとえばオンラインの入力フォームは、重要な情報が抜けている、あるいは入力が間違っていると、昔は唐突にその先へ進めなくなったのが、今ではどのフィールドの入力が抜けているかを教えてくれるようになった。このように、文脈ベースのトリガーにはたいてい、メインのトリガーがうまく引かれなかったときに作動するサブトリガーが用意されている。このように、理由は謎だが作業の流れが途絶したと伝えるよりも、失敗した地点にユーザーを戻してやるほうがシステムとしてはるかに穏やかだ。

　テクノロジーをデザインする際は、システムのグレードを潔く下げて最低限の目的を果たすバックアップ機能を必ず用意しておかなくてはならない。たとえば

睡眠改善アプリのSleepCycleは、文脈の要素を加えて機能を拡張した目覚まし時計だ。だからユーザーの睡眠データの追跡がうまくいかないことがあっても、少なくとも目覚ましとして使える。外部データに依存している一方、データをきちんと取り込めなくても、セットした時間になればユーザーを起こしてくれる。

　ステータスストーンを作るときは、ユーザーの注意が向かなかった場合に叫び声のレベルまで音量が上がる仕組みを考えよう。最近の目覚まし時計やSleepCycleはこの方式を採用している**［図3 - 4］**。

　SleepCycleでは、時間の経過に伴う睡眠の質をグラフで表示し、長期的なデータをわかりやすい形式に圧縮している。ユーザーは、カフェインや運動、アルコールといった外的な要素が睡眠に与える影響を簡単に追うことができる。

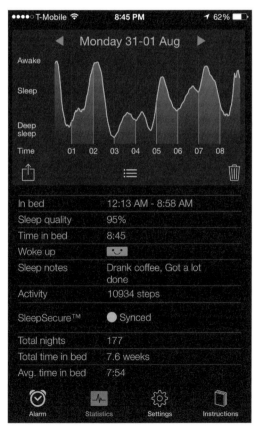

図3 - 4

睡眠改善アプリ「SleepCycle」が追跡したある夜の睡眠のデータ。アプリは就寝中のユーザーの動きから、いつ深い睡眠に入っているか、いつ浅いレム睡眠かを判断して、起きるのに最適な時間をはじき出す。

ユーザーとテクノロジーとのインタラクションのトリガーとなる文脈はいくつかある。ここからは、天気、位置情報、時間、心身の健康状態、プロキシミティ（近接度）、目標達成という、文脈型通知のトリガーの例を紹介しよう。

天気

作ろうとしているデバイスやアプリケーションが単体で、あるいは外部サービスと連動して気温を読み取れるなら、ユーザーにおもしろいメッセージを送ることができる。たとえばDark Skyというアプリは、ユーザーがいる場所で雨が降り出す、もしくは止む時間を通知する超局所的な天気予報サービスだ。特に、自転車通勤をしている人にはとてもありがたい。

位置情報

特定の地点に特定のタイミングで到着したことで起動するトリガーもある。たとえば、午後5時から7時のあいだに指定した食料品店の前を通り過ぎると、牛乳を買うよう知らせてくれるアプリなんてどうだろう。こういったアプリは、ユーザーは仕事へ向かう途中には買い物をしないが、帰るときには何かを買う必要があったことを忘れがちだという文脈を捉えている。ユーザーの側で店や時間、買うものを指定できるから、テクノロジーをしっかりコントロールしている感覚も得られる。このように、状況を無視した通知を何度も出すのではなく、メッセージを送り出すのに最適のタイミングを理解していることが、社会にとって必要不可欠なテクノロジーになるか、ただの邪魔なものと思われてしまうかの分かれ目だ。ほかにも位置情報ベースのアラートは、近しい人に情報を伝えるのにも使える。たとえば友人がちょうどいいタイミングで迎えに来られるよう、ユーザーの乗っている飛行機が着いたことを知らせるアプリや、医師に患者の来院を知らせるシステムなどが考えられる。

時間

時間は最も基本的な文脈型トリガーだが、使えるシチュエーションは幅広い。たとえば、現在の道路の混雑状況を考慮しながら空港へ向かう時間

を教えてくれる、あるいはミーティングへ出発する時間を目的地までの距離や行き方の地図を添えて教えてくれるシステムはどうだろう。もっと基本的なものなら、ミーティングの時間が来ると鳴る電話や、就寝時間になると少し暗くなるランプなどがありえる。夜になると画面の色が変わる壁紙アプリケーションのFluxは、生活のリズムを保ちつつ、メラトニンの生成を促すことで、不眠症を防ぐ効果がある。

心身の健康状態

　低血糖状態や睡眠不足、インスリン不足などの状態を検知して、治療の必要があるタイミングや、精神的なサポートが必要な時期を教えてくれるトリガーも便利だ。携帯電話のアプリには、ユーザーの活動をモニタリングして、普段とは違うパターンが検知されると事前に設定しておいた友人たちに通知が行くものがある。たとえばiPhoneアプリのCompassは、ユーザーの1日の使い方を追跡していて、ユーザーがあまり活発に活動していないと、無事でいるか様子を見に行くよう友人に通知が行くような設定にすることもできる。2014年に発表されたグーグルのスマートコンタクトレンズ[*12]は、糖尿病を患っている人のためのプロジェクトで、ワイヤレスチップとレンズに組み込んだ極小のセンサーで涙に含まれるグルコースの量を測定する。

プロキシミティ（近接度）

　プロキシミティは、近くに興味深い人がいることを知らせるのに使う。たとえば、モバイルアプリのMeet Gatsbyは一種のバーチャルコンシェルジュで、まず別の人気アプリFoursquare［位置情報に基づいたSNSおよびゲームアプリ］のデータを使ってある場所に着いたことを検知し、さらにユーザーに簡単な質問を投げかけることで、近くにいる似た趣味の人を紹介するものだった。また、位置情報を活用するアプリを開発しているGeoloqiは2010〜2013年、地理情報の付加されたウィキペディアの記事やピンボー

---

*12　グーグルの公式ブログの2014年の記事「私たちのスマートコンタクトレンズのプロジェクトを紹介します」より。(https://googleblog.blogspot.fr/2014/01/introducing-our-smart-contact-lens.html)

ルマシンを置いている店など、公開されているお役立ち情報や近くのおもしろスポットを教える場所ベースの通知アプリを提供していた。ユーザーは自分の「ジオノート」を残すこともでき、ほかのユーザーは近くにある野いちごの茂みやツーリングイベントの集合場所など、ちょっぴりうれしくておもしろい情報に出会うことができた。

目標達成

　文脈型の通知には、行動のご褒美を与えるものもある。たとえばユーザーのランニング情報を追跡するNike+というリストバンドは、ユーザーが毎日のエクササイズの目標を達成すると光や振動音で祝福し、達成感を味わわせてくれる。

説得のためのテクノロジー

　説得のためのテクノロジー (Persuasive Technology) とは、意識改革や行動改革を促す技術を指す。社会科学者のB・J・フォッグは1996年、コンピュータを説得のためのテクノロジーとみなして研究する分野「キャプトロジー」を提唱した (CaptologyはComputers As Persuasive Technologies［説得のためのテクノロジーとしてのコンピュータ］の短縮形)。そして2003年には著書『実験心理学が教える 人を動かすテクノロジ』(高良理、安藤知華訳、日経BP社、2005年)を出版した。現在はスタンフォード大学で、キャプトロジー研究所の所長を務めている。

　説得のためのテクノロジーは、ユーザーに直接影響するというよりは、何らかの気持ちを引き出すものだ。ユーザーの友人やご近所が本人に連絡を取りたくなる技術もそうだし、この章で紹介した苦い味のする爪のラッカーもそう。苦みには悪いことを止める効果がある。

　説得のためのテクノロジーが優れたものになるかは、それまで見えなかったもの (行動や決断、目に見えない結果) を可視化できるかどうかにかかっている。そしてそのためには、ユーザーにできるだけ負担をかけないデータ収集が肝心だ。データの記録や提出に要するユーザーの労力が減るほど、得られるインサイトは多く

なる。

　しかし残念ながら、現代社会のフィードバックループには「ダーク」なユーザー体験や「ユーザーをだますインターフェース」が多い[*13]。そのせいで私たちはほしくもないものを買わされたり、新鮮な商品を買えずイヤな気分で店をあとにしたり、場違いな服装で外を歩いたりする羽目になる。その結果、心の平静や集中している感覚、創造性よりも、不安の高まりを感じることのほうが多い。

　現代のネット体験には、こうしたダークなユーザー体験とみなせるものがあるが、説得のためのテクノロジーをうまく使えば、人と人のつながりが生まれて時間を有効活用できるようになるから、節電からメンタルヘルスまで、現代のさまざまな課題に対処できる。そこには大きなポテンシャルがある一方で、生活の質を改善するにはまだまだ課題も多い。20世紀後半は、人の時間をいかに消費するかというシステムを作り上げることに時間を費やしてきた時代だったが、21世紀はテクノロジーを新たに作り上げるだけでなく、取捨選択することで、前向きな体験をどれだけ多く提供するかという時代になるかもしれない。

　ここからは、現在使われている説得のためのテクノロジーをいくつか紹介する。

脳波フィードバック装置

　脳波フィードバック装置とは、脳波を測定する電極に接続されたシステムで、脳波が安定したパターンに入ると規定のトーンを鳴らして知らせてくれる。この状態は「α同期」[*14]と呼ばれる。α波は心が落ち着き、集中力が高まっているときに出る脳波で、こうした装置を使って「テクノロジーに導かれた瞑想」の訓練を積むと、脳を意図的に特定の状態に持っていったり、その状態を維持したりといったことができるようになる。α波のフィードバック装置は、効果的なフィードバックループの好例で、その影響は表面的ではなく、深いところにまで及ぶ。脳波図（EEG）は（それまで見

[*13]　ダークパターンのウェブサイト「ダークパターン　ユーザーをだますテクノロジーとの闘い」を参照のこと。(http://darkpatterns.org)

[*14]　近年の研究によると、α波は「注意力やタスク実行要求をコントロールする神経系の構造」と関連があるという。出典は以下。Sadaghiani, Sepideh, René Scheeringa, Katia Lehongre, Benjamin Morillon, Anne-Lise Giraud, Mark D'Esposito, and Andreas Kleinschmidt . "Alpha-Band Phase Synchrony Is Related to Activity in the Fronto-Parietal Adaptive Control Network ." *The Journal of Neuroscience* 32, no . 41 (2012): 14305 - 4310 .

えなかった）脳波を可視化し、人間の思考を劇的に変える可能性をもたらす
し、バイオフィードバックのトレーニングは心拍数を下げ、特定部位の血
流を活発にする。ニューロフィードバックを使った練習をこなすと、じゅ
うぶんに注意している状態なら、てんかんの発作を意図的に抑えることも
できる。

グロウキャップ

　グロウキャップ（*http://www.vitality.net/glowcaps.html*）はライトを埋め
込んだ薬瓶のふたで、患者が薬を飲む時間が来るとふたが光るようになっ
ている。さまざまな色に光らせることができるので、いつ、どの薬を飲む
べきかを患者にわかりやすく示せる。指定したタイミングで開かなければ
ふたは光り続ける。

　こうしたステータス表示は、非常にシンプルかつさりげない視覚情報で、
患者が正しい薬を適切なタイミングで飲んでくれないことがあるという、
医療界の長年の問題の解決策になっている。簡易的な調査ではあるが、グ
ロウキャップをはめた薬瓶を使っている人は、適切な時間に薬を飲む確率
が86％まで上がるとも言われている[15]。キャプトロジー研究所を創設し
たB・J・フォッグによれば、これは「説得のためのテクノロジーの分野で
も『驚異的』な数字」だそうだ。何しろ別の研究によれば、「薬を処方され
た人の半分は適切な飲み方をしていない」[16]うえ、「長患いのある人は特
に指示に従う割合が低い」[17]のだ。

オーパワー

　他人との比較は、行動の抑止力や誘因になることがある。電力情報会社
のオーパワーは、契約している家庭のエネルギー消費のデータを集め、そ

---

*15　CNNのテクノロジー記事「技術が喚起する罪悪感　あなたの振る舞いを改善する5つの『説得のための』
テクノロジー」より。（*http://www.cnn.com/2010/TECH/innovation/08/13/guilt.gadgets*）

*16　Sokol, Michael C., Kimberly A. McGuigan, Robert R. Verbrugge, and Robert S. Epstein."Impact
of Medication Adherence on Hospitalization Risk and Healthcare Cost."*Medical Care* 43,
no.6 (2005): 521-30.

*17　Osterberg, L., and T. Blaschke."Adherence to Medication." *N Engl J Med* 353, no.5 (2005):
487-97.

れを近隣家庭のデータと比較するグラフにして示した。そしてエネルギー消費が少ない家庭には、データに笑顔マークを付けて好成績であることを強調した。会社によると、「こうやってデータを晒すことで、60〜80％の人がエネルギー消費に関する行動を変えた」という[*18]。広報いわく、「全国に広げていい取り組みだし、やらない理由はない。実施すれば、全国300万の家庭のオフグリッド［自家発電］を実現し、再生可能部門全体にインパクトをもたらせる」そうだ。

ウィジングスのスマートボディアナライザー

ウィジングス社のスマートボディアナライザー (*http://www.withings.com/eu/en/products/smart-body-analyzer*) は小型の体重計で、一定期間の体重の変化を記録し、ダイエットの進捗をグラフ化してスマートフォンで表示してくれる（便利なことに、体重計でも見ることができる）。そうして生まれるフィードバックループによって、ユーザーはエクササイズを増やし、食べる量を減らして健康な体重を維持したい気持ちになる。人生の大イベントが体重に与える長期的な影響を確認できるのも何かと役に立つ。

プリウスのハイブリッドシステムインジケーター

トヨタのプリウスには、ドライバーにリアルタイムでフィードバックを返す仕組みが搭載されていて、販売開始以降、ドライバーの運転行動に変化があらわれたことから今では「プリウス効果」の呼び名で知られている。プリウスは惰行や加速、減速、徐行といった車の状態を特定し、運転行動をダッシュボードに表示する。そしてすぐ脇には、そうした行動の影響を受ける燃費効率の目安が示される。ユーザー体験の専門家によると、こうした情報を「ドライバーの視界の近く」に表示し、現在のリッター当たりの走行距離を示す仕組みは、どんな啓発活動よりも効果があるという[*19]。

[*18] CNNのテクノロジー記事「技術が喚起する罪悪感　あなたの振る舞いを改善する5つの『説得のための』テクノロジー」より。(*http://www.cnn.com/2010/TECH/innovation/08/13/guilt.gadgets*)

[*19] UX情報サイト、UXMattersの2014年の記事「情報ディスプレイがドライバーの行動を変える」より。(*http://www.uxmatters.com/mt/archives/2014/07/information-displays-that-change-driver-behavior.php*)

こうした考え方をさらに進め、もっとさりげなくドライバーに行動の変化を促すスマートカーもある。そうした車には、たとえば効率的な運転をすると画像表示されている木が生長していき、運転が荒くなると枯れていく仕組みが備わっている。

社員食堂のカラートング

食事中の人に、食事の邪魔をせずに食べているもののフィードバックを返すにはどうしたらいいだろう？　テネシー州ナッシュビルに拠点を置くヘルスウェイズ社では、社員食堂のビュッフェ形式の料理を取るのに、メニューごとに色分けしたトングを使っている。色は健康なメニューなら緑、普通は黄色、要注意は赤というように、メニューのヘルシーさによって決まっている。たとえばクランブルベーコンなら赤、グリーンサラダには緑のトングが使われている。

こうしたやり方は、「健康な食事を心がけよう」と呼びかけるポスターや、メニューに脂質やカロリーの情報を添えるよりも効果的だ。食事を取る人は、メニューを選んだ瞬間に、その選択に関するフィードバックを得られる。使うトングを変えるというシンプルな行動で、健康的な選択をしやすくなる環境を作り出せている。

ビーマインダー

ビーマインダー (*https://www.beeminder.com*) は、ユーザーが目標達成へ向けた努力をサボらないよう、結果が振るわないと「罰金」を徴収するウェブサービスだ。たとえば禁煙したいと思っているユーザーは、サービスに登録して禁煙を目標に掲げ、銀行口座の情報を入力する。そしてユーザーが目標からそれると、サービスの料金が高くなる。お金がどんどん減り、Bee の一刺しの痛みがどんどん大きくなっていくというわけだ。こんなシステムがあったら、誰だって怠けているわけにはいかないだろう。

この章のまとめ

カーム・テクノロジーは、この章で紹介した通知やトリガー、アンビエント・アウェアネス、説得のためのテクノロジーをどれだけさりげなく使えるかに大きくかかっている。しかし、そうした要素さえ備えていれば自動的にカームな体験が生まれるかと言えば、決してそんなことはない。

たいていの場合、シンプルなトーンや光でも、本格的な表示やポップアップメッセージと同じだけの情報を載せることが可能だし、メインの活動の邪魔もしない。基本となるのは、通知の解像度と伝える情報の重要性や量をマッチさせるという考え方だ。それを学べば、どのアプローチを用いるべきかも自ずと明らかになる。

今のところ、テクノロジーが通知を出す際に一番使うのは視覚だ。そのせいで、現代人の視界は情報であふれかえっている。だからこの章では、ほかの感覚器官もうまく活用すれば、視界が情報でぐちゃぐちゃになる要因を「作る」のではなく、「整理できる」ことを指摘した。人とテクノロジーの穏やかなインタラクションをデザインするには、重要度の低い情報を視覚に頼らず伝える方法を見つけ出せるかが、非常に重要になる。

しかしそのためには、大前提となるポイントを抑えておかなければならない。それは、その通知がそもそも必要かということで、この点を真剣に考えるデザイナーは非常に少ない。通知にはふさわしいタイミングと場所、文脈がある。そしてスムーズなコンピューティングを実現するカギは、ユーザーと協力しながら、そのテクノロジーにはどのタイプがふさわしくて便利なのか、イライラや不満を生むものになっていないかを判断することだ。デバイスやソフトウェアが何かにつけ通知を出してきたらうんざりするが、逆に通知が少なすぎるのも困りものだ。カーム・テクノロジーはコミュニケーションを減らすこととイコールではない。大切なのはテクノロジーの性能をひけらかすのではなく、ユーザーのニーズを満たすのにぴったりの量のコミュニケーションを取ることだ。

アラートには常に優先順位がある。まずは自分の行動を余さずチェックして、それに優先順位を付ける習慣を作ろう。そして自分のアプリやプロダクトを使う際、ユーザーが一番集中しているタスクが何かを考え、緊急性の高いものも含めた個々のアラートが、タスクからいったん離れてでも気にする必要があるほど重

要かを見極めよう。

　それが済んだら、今度はアラートが主要タスクを邪魔するのではなく、サポートにまわる構造を考える。ウインカーや、エンジンの回転数を上げすぎたときに針が赤いゾーンに突入するタコメーターなど、車に数々のアラートが備わっているのは、どれもドライバーの運転能力を高めるためだ。

　次の第4章では、前の章で解説したカーム・テクノロジーの原則と、この章で紹介したカーム・コミュニケーションのパターンを実践に応用するためのエクササイズを行う。カーム・テクノロジーの評価ツールを使いながら、モノと環境との情報のやりとりに関する理解をさらに深めてもらうつもりだ。

　最後に、この章のポイントをおさらいしよう。

- カーム・コミュニケーションのパターンには、余計な情報まで提供しがちな面倒くさいテクノロジーを「落ち着かせる」力がある。

- 身の回りのステータスランプに注目してみよう。ステータスランプはどこに設置されていて、何を示しているだろうか。

- ステータストーンはタイミングが命だが、トーンの印象も大切だ。穏やかで歓迎するような音は、タイミングを問わずユーザーのいら立ちを和らげる。

- ステータスシャウトをデザインする際は、まず提示する情報が本当に緊急性の高いものかを考えよう。

- アンビエント・アウェアネスとは、情報をデフォルトで、オプトインではなくオプトアウトで提示するやり方を指す。情報を周辺化して伝えられる状況を考えよう。

- 説得のためのテクノロジーをうまく活用できるかは、それまで見えなかったもの（行動や決断、目に見えない結果）を可視化できるかにかかっている。普段は目に見えないが、見えるようになったら便利な情報はなんだろう？

● それぞれのステータス表示について、状況の変化をうまく活用し、文脈型通知のトリガーを引けないかを考えよう。

● 身の回りのデバイスの中に、コミュニケーションの形を変えることで使いやすくなるものはないか、あるとすればその理由は何かを考えよう。

第4章

カーム・テクノロジーのエクササイズ

[注]エクササイズの最新版については、*https://calmtech.com/exercises.html* を参照していただきたい。

　最初に、カーム・テクノロジーの原則を適用するうえで、最も多く訪れるであろうシチュエーションを想定しておきたい。それは新しいテクノロジーを作る仕事ではなく、現行テクノロジーの情報のやりとりを調整する仕事だ。テクノロジーは今あるものを破壊して一から作り直すよりも、改善を繰り返して生み出すことが多い。まったく新しいデバイスやサービス、ソフトウェアであっても、土台には確立された標準的なテクノロジーがある。スマート電球なら、既存の電球をベースにしなければ、関連する装置が築いている既存の生態系にうまくはまらない。何より、ユーザーが使い方を理解できない。ユーザーがすでに持っている知識を土台にしたテクノロジーでなければ、ユーザーの振る舞いを変えるのは難しい。大切なのは、現行のテクノロジーと生み出そうとしているイノベーションを、ユーザーの頭の中でつなげることだ。

　テクノロジーと人とのもっと「カームな」やりとりを目指すデザイナーは、デザインの仕事の「完了」の意味をもっと広く解釈する必要がある。うるさいテクノロジーは、アラートの実装に関する社内の判断が間違っているときよりも、実装する意図が不明確なときに生まれやすい。**私たちは、デバイスがきちんと機能しさえすれば、その段階で仕事は「完了」だと思い込み、ユーザーとのコミュニケー**

ションの取り方を細かく詰める仕事をおざなりにしがちだ。これは、デザイン業界の普遍的な問題と言える。

そのためこの章ではまず、カーム・テクノロジーの作成ツールではなく、評価ツールを紹介する。ツールでは、簡単な方法を使ってテクノロジーのさまざまな状態とやりとりの方法を分析する。そして、不必要な介入の瞬間とそれらを穏やかにする機会を特定する。

各種の分析ツールの多くがそうであるように、今回のツールも、一番のメリットは自分が作ったテクノロジーを注意深く見つめ直し、テクノロジーと過ごすユーザーに与える影響に思いを馳せる機会になることだ。つまり共感を生むためのツールで、その過程を通じて解決策はほぼ自然に浮かび上がる。プロダクトの仕組みをマネージャーやチームのメンバーに説明する強力な武器にもなる。チームの仲間を説得できれば、エンジニアは周囲と協力しながらデザインに取り組めるようになる。

カーム・テクノロジーの評価ツール

先ほど説明したとおり、カーム・テクノロジーを作るには、一定のツールや枠組みを使って自分の考えをまとめ、プロダクトそのものや、プロダクトがユーザーの注意を引く仕組みを理解することが大切だ。[**表4-1**] は、プロダクトをデザイン、もしくは評価する際の参考となる4種類の質問を一覧化したものだ。表は3つの項目で構成されている。

ユーザー

そのオブジェクトはユーザーとどんな方法で情報をやりとりするか。ユーザーにどんな影響を与えるか。どのようにユーザーの注意を引くか。

環境

そのオブジェクトは現実世界のどこに置くか。ほかのプロダクトと情報交換をしたり、機能やアラートがほかのプロダクトとバッティングする可能性はあるか。周辺の環境とはどうコミュニケーションを取るか。「周辺

環境」は、物理的な環境（キッチンやオフィスなど）と、ユーザーがそのプロダクトを使うときに一番よく取る行動の両方を指す。

　環境とプロダクトとのやりとりを確認するのは重要だ。なぜなら、その過程を通じてデバイス自体に問題があるのか、環境が問題なのかがよくわかるからだ。**インターネットとつながったデバイスには、デバイスそのものと設置環境という2つの要素がある**。だからデザイナーは、自分にはコントロールしきれないことも多い状況を予測する必要がある。

　たとえば穏やかなステータストーンがぴったりな一方、空調のうなりに音が紛れてしまったら困るキッチン用デバイスを作っていたとする。その場合、設定できるトーンにいくつかのバリエーションや、聴覚以外を使った補助的な情報提示の経路を用意しておくことが大切になる。

情報

　そのオブジェクトが提供するのはどんな情報か。どんな方法で情報を保存し、何が起こると情報が届かないか。

　この3つのカテゴリーについて、文脈、アラートの種類、使い方、エッジケースの影響を考えていこう。

ユーザー			
文脈：どんな人がデバイスを使うか。ユーザーのニーズや制約は何か。	**アラートの種類**：どんなアラートを使ってコミュニケーションを取るか。アラートはユーザーの注目を100％集めるものか、それとも一部か。	**使い方**：設定の手順はどんなものか。スイッチを切る方法は何か。またユーザーはどうやってアラートに気づくか。	**エッジケース**：デバイスを使うのに苦労しそうなのはどんな人たちか。
環境			
文脈：デバイスはどこに置くか。うるさい環境か、それとも静かか。使用場所は家か、オフィスか、工場か、屋外か（もしくはそれらの組み合わせか）。その環境に、デバイスがコミュニケーションを取らなくてはならない機械がほかにもあるか。	**アラートの種類**：アラートがユーザーへ届くのを邪魔しそうなものが環境内にあるか。アラートを出すべきではないのはいつか。設置場所が変わった場合、アラートの種類を変える必要があるか。	**使い方**：ユーザーの行動を制限するものが環境内にあるか（たとえば手袋を着けている人や、外で音声起動型のデバイスを操作しようとしている人は、ある程度行動が制限される）。	**エッジケース**：アラートが想定どおりの効果を発揮しない珍しい状況はどんなものが考えられるか。その状況で、デバイスが採れる対応策は何か。
情報			
文脈：デバイスを使うのに必要なユーザー側の予備知識は何か。	**アラートの種類**：アラートが要求する注意力のレベルは、伝える情報の重要性とマッチしているか。別の手段で同じ情報を伝えられないか。	**使い方**：デバイスから情報を得たユーザーはどんな行動を取るか。	**エッジケース**：情報が間違っていた、あるいはうまく伝わらなかった場合、何が起こるか。デバイスが困っていることをユーザーに伝えるにはどうすればいいか。アナログに戻してデバイスを使うことは可能か。

表4-1 カーム・テクノロジーの評価ツール

カーム・テクノロジーの評価ツールを使うと、テクノロジーがユーザーの暮らしにどう溶け込んでいくのか、その過程でテクノロジーとユーザーが、あるいはデバイスと環境とがどう触れ合い、どう情報を伝えて活用していくかの流れが見えてくる。

　使い方としては、まず左の表を複製してほしい。印刷するのでも、ホワイトボードに書き写すのでも、付せんを使って壁に貼るのでもいい。紹介した3つのカテゴリーについて、きちんと現状を確認しよう。このツールの目的は、一発で正解にたどり着くことではなく、デバイスそのものや、デバイスとさまざまなエンドユーザーとのやりとりへの理解を深めることだ。

　もちろんこれは、何より大事な究極のツールというわけではない。非常にシンプルなテクノロジーのデザインなら、ここまで考えるのはやり過ぎだろうし、逆にスマートウォッチのような多機能型の多層的なデバイスに対しては、上っ面をなぞった程度の評価にしかならないだろう。何よりもこれは、あとで紹介するエクササイズをこなしやすくするためのツールだ。これだけで便利だと思ったなら、デザインのツールとしてそのまま使うのもいいだろう。しかしエクササイズの過程で使うのなら、評価ツールの目的は自分が作っているプロダクトを注意深く観察し、どんな方法でユーザーの注意を引くのか、あるいは引くべきでないのかを考える癖をつけることにある。

　カーム・テクノロジーの評価ツールは、プロダクトの仕組みを知るための一種の九九（掛け算）だ。つまり表のすべての項目をしっかり確認しないと、優れた体験を生み出すのに不可欠な要素を見落としかねない。

　次の [表4-2] は、フィリップス社 ［現在はシグニファイ社］ の照明システムHueを例に、[表4-1] の質問に対する答えを記載したものだ。表ではHueのシステムが人間の暮らす環境とどんなやりとりをしているか、具体的にはユーザーや環境に存在する別の要素、情報をどう扱っているかを示してある。こうやって評価を終えると、本当の意味でプロダクトが理解できる。

ユーザー			
文脈：Hueが主なユーザーに想定しているのは、スマートフォンで家の明かりのオンとオフを切り替えたり、明かりの色を変えたい人。	**アラートの種類**：Hueはアラートのシステムにステータスランプを使う。照明のオン／オフによってランプの状態が切り替わり、また色はプログラム側から変更可能。電灯はHueハブとつながったスマートフォンアプリで操作し、明かりのオン／オフもアプリを通じて行う。	**使い方**：ユーザーが照明とHueハブを、またハブとワイヤレスネットワークをつなげると使えるようになる。	**エッジケース**：目の見えない人は、アプリではなく専用のスイッチか、家の明かりのスイッチを使ってオン／オフを行う必要がある。またスマートフォンを持っていない人は、アプリで照明を操作できない。
環境			
文脈：デバイスは基本的に家庭で使用されるが、オフィスで使われる場合もある。Hueのシステムは、それまで使っていた照明の替わりになる可能性がある。	**アラートの種類**：Hueは明かりがつかなかったり、望みの色になかなか変わらなかったりしたときだけユーザーをいらつかせる。	**使い方**：Hueを使うには、実際にスイッチを押すか、近くでアプリから操作する必要がある。アマゾンのAlexaのようなデバイスを置けば、音声による指示もできるようになる。	**エッジケース**：停電や色が変わらない、あるいはシステムがクラッシュするといったケース。またホットピンク色の読み込みにはときおり問題が起こり、色が切り替わるのに少し時間がかかる場合がある。
情報			
文脈：ユーザーはデバイスをハブにつなげ、システムとスマートフォンのペアリングを行い、専用の電球を設置する必要がある。それが終われば、アプリで操作できる。	**アラートの種類**：ステータスランプは、ユーザーの意図や入力とマッチしている。	**使い方**：照明の色が変わる、あるいはユーザーの意思で照明の色を変える体験ができる。	**エッジケース**：Hueのシステムはネットワーク上で動作し、ネットワークが落ちたこともあったが、会社はTwitterで、システムはアプリではなくスイッチでも操作できると発表した。システムに不具合が起こった場合に備え、従来の照明システムと同じ方法で使えるようにしておくのは、周知さえできれば見事な対応策だ。

表4-2 フィリップス社の照明システムHueの評価

エクササイズ

これから紹介するエクササイズは、1人で机に座り、お好みのノートやスケッチブックを用意し、場合によっては音楽をかけながら進めるのが一番簡単だ。何しろデザインの仕事はそういう環境で進めることがほとんどだし、しかも多分、環境を整えるのは割合に簡単だ。1人で進める人は、*https://calmtech.com/exercises.html*にいくつか回答例を示したので、よければ自分の答えと比べてみてほしい。

チームで取り組む場合は、少人数のグループに分かれて進めるのが効果的だ。内容と進め方はおおむね同じだが、みんなで意見を出し、話し合って、最も有望な答えをまとめる時間が別途必要になるだろう。こちらはチームごとに別の答えを考え、最後に比べ合うといい。

― エクササイズ1　穏やかな目覚まし時計

目覚まし時計は、情報のやりとりの流れがタイプを問わず安定していて予測しやすい。ユーザーはまずアラームの設定を開始し、時間をセットし、その時間が来たらステータスシャウトを受け取り、スヌーズボタンを押す。時間のセットは基本的にボタンを使ってデジタル情報を操作することで行い、ものによってはつまみで操作するタイプもあるが、種類はその2つくらいだ。今回のエクササイズでは、その安定した要素に疑問を投げかけ、目覚まし時計のシンプルなデザインをどう改善できるかを考えていく。

まずは【図4-3】のような標準的な目覚まし時計のパーツと機能を考えてみよう。

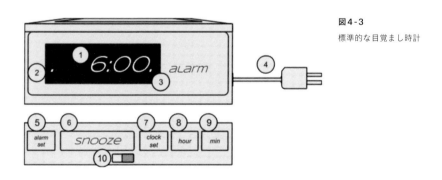

図4-3
標準的な目覚まし時計

1 ステータス表示（LEDライトで時間を常に示す）

2 AM/PMの表示（アメリカの目覚まし時計は24時間表示ではないので、午後に
なるとランプがつく。24時間表示ならランプは必要ない）

3 アラームがセットされていることを示す表示ランプ

4 電源コードとアダプタ

上面

5 アラームセット用のボタン（このボタンを押しながら、時間ボタンと分ボタン
を使って起きる時間をセットする）

6 スヌーズボタン（アラームをいったん停止し、少したってからまた鳴るように設
定する）

7 時刻セットボタン（このボタンを押しながら、時間ボタンと分ボタンを使って現
在時刻をセットする）

8 時間ボタン（押すと時間の数字が進む。長押しでスピードが上がる）

9 分ボタン（押すと分数の数字が進む。長押しでスピードが上がる）

10 アラームのオン／オフ用の小さなスイッチ

パートA

　自分が朝に弱く、出かける前にいつも慌てる、あるいは二度寝して仕事に遅刻
しそうになるタイプだと思ってほしい。朝食を抜けば仕事には間に合うが、それ
では職場に着いた時点でへろへろだし、注意力も散漫になる。

　今回の課題は、そうした状況を避けつつ、できるだけ静かに起こしてくれる目
覚まし時計のデザインを刷新することだ。

・考えるべきポイント

　1回目のアラームで起きられず、寝過ごしがちな人にとって、おそらく朝は一
日の中で何より憂鬱な時間だろう。そんな人に向けて、アラームの音量を上げた
り、耳障りなタイプの音を使ったりするのではなく、聴覚的なアラートに視覚的

なもの、あるいは触覚的なものを組み合わせ、それぞれ別個に使うよりも効果的な目覚まし時計をデザインしてみよう。たとえば第3章で紹介した「ステータストーン」や「ステータスシャウト」、「ハプティックアラート」なら、使う人を不快にさせずに起こせるかもしれない。また、目覚まし時計は時間をトリガーにしたテクノロジーだから、その点を踏まえたデザインが効果的なのも思い出してほしい。

　少しのあいだネットサーフィンをして、一風変わった目覚まし時計を探すのもいい。クロッキー (*http://www.nandahome.com*) はモーターと車輪が付いたユニークな目覚ましで、アラームが鳴ると走って逃げ出すから、ユーザーはどこへ行ったか見つけてからでないと止められない。明るい光を使ったタイプや、振動で起こすスマートフォンの目覚ましアプリもある。どれも弱点はあるが、基本的な考え方、つまり「大きな音を立てなくても人を起こすことはできる」という考え方は掘り下げてみる価値があるだろう。

　それが済んだら、今度は **[表4-3]** のような白紙の評価ツールを使ってエクササイズの内容をまとめよう。記入が済んだら、新しい目覚まし時計の具体的な見た目を考える。重要な機能や、ユーザーとのやりとりに使う接点を吹き出しや記号で示しながら、目覚ましの簡単な絵を描いてみよう。

ユーザー			
文脈：	アラートの種類：	使い方：	エッジケース：
環境			
文脈：	アラートの種類：	使い方：	エッジケース：
情報			
文脈：	アラートの種類：	使い方：	エッジケース：

表4-3 カーム・テクノロジーの評価ツールのテンプレート

パートB

　今度は、仕事のシフトがまったく異なるパートナーと同じ部屋で寝ている状況を想定してほしい。あなたは朝早くに起きる必要があるが、相手はその時間はまだ休んでいたい。そんな状況に適したかたちに目覚まし時計をリデザインしてみよう。あなたは時間に起きて、パートナーは眠っていられるようにするにはどうすればいいだろうか。もちろん、ここでも大切なのは最も穏やかな方法で起こすことだ。次のようなポイントを考えてみよう。

- 光や触覚、トーンを使って課題を解決できないだろうか。

- 枕の中に目覚ましを埋め込んで、本人だけに聞こえるようにするのはどうだろう。

- 着ているものに目覚ましの機能を組み込めないだろうか。

- 寝室のレイアウトを活用して、ベッドの片側からしか見えない視覚的なアラートは作れないだろうか。

　そうしたことを考えたら、今回も先ほどのパートAと同じように、評価ツールを埋め、それから新しい目覚まし時計のデザインをスケッチしてみてほしい。こちらの目覚ましは、パートAで作ったものとどこが違うだろうか。また、この最初のエクササイズを通じて何が学べただろうか。

ー エクササイズ2　1日の始まりを告げる目覚まし時計

　こちらのエクササイズは、マーク・ワイザーが最初に思いついた「日によってアラームの鳴り方が変わる目覚まし時計があったらどうだろう」というアイデアに基づいている。

パートA

　現時点で、ほとんどの目覚まし時計には1種類のステータスシャウトしかなく、

タイプを変更することはできない。そこでワイザーは、その日の活動のレベルに応じてトーンをいくつか用意する方法を提案している。仕事の予定がびっちり詰まっている人が耳にする目覚ましの音と、のんびり過ごせる土曜の朝に味わう感覚とを別にしたらどうだろう。

このエクササイズでは、目覚まし時計がこうした違いを明確に、それでいて穏やかに知らせる方法をデザインしてほしい。ポイントをいくつか挙げていこう。

- その目覚まし時計はどうやって人を起こすか。

- どんなタイプのステータスを、いつ使うか。

- 使うのは光か、触覚か、音か、それらの組み合わせか。

- スヌーズや、それに類する調節機能はどう扱うか。

- 起きる必要はあるが、そこまで焦って起きる必要はないエッジケースにどう対応するか。

思い出してほしいのだが、カーム・テクノロジーを使ったプロダクトは必ずしも静かとは限らない。大切なのは、介入の度合いとメッセージの重要性をマッチさせ、目的の行動を促せる最小限のレベルで注意を引くことだ。

こちらのエクササイズでも評価ツールを埋め、機能を示したデバイスのスケッチを描いてみよう。

パートB
「テクノロジーはユーザーとコミュニケーションが取れなければならないが、おしゃべりである必要はない」の原則を覚えているだろうか。ここでは、ワイザーが提案した先ほどの目覚まし時計のバリエーションとして、音声を使わずに天気の情報を伝えるプロダクトを考えてみよう。

SF番組や映画には、登場人物に話しかけて起こす目覚まし時計がよく登場す

る。そうした時計は、起こした後にニュースや天気、メッセージなどを次々に伝えていく。しかし現実には、こういう時計はわずらわしく感じるだろう。音楽や、静寂の中で目を覚ましたい人は特にそうだ。

そこで、天気の情報をより穏やかに伝える方法を考えてみよう。天気の情報をトーン、あるいは音声以外のステータス表示に圧縮することはできないだろうか。

- デバイスが伝えるのは、起きた瞬間の天候状態か、それともその日の予報か（気温や降水確率など）。

- トーンを鳴らす時間を延ばす、あるいはバリエーションを増やすなどして、もっと長く詳しい予報を伝えることは可能だろうか。

- 第3章で紹介した、水かお湯かによって色が変わる蛇口のアタッチメントを思い出してみよう。目覚まし時計にステータスライトを組み込んで、天気予報の細部を持続して伝えることはできないだろうか。

- ほとんどの人は、起きてすぐはメッセージを理解できず、頭が働き始めるまで数分かかる。今考えている目覚まし時計は、この問題にどう対処するのか。同じパターンを繰り返すのか、それとも最初にステータスシャウトを使い、そのあと別の方法で持続的に情報を提示するのか。はたまた別の方法を使うのか。

- どんなエッジケースが考えられるか。たとえば、時計とつながっている天気予報サービスがダウンしていたらどうなるか。緊急警報が出ていたらどうか。時計は通常の状態に戻るべきか。

こうしたことを考えながら評価ツールを埋め、機能を示したデバイスのスケッチを描いていこう。

― エクササイズ3　バッテリーが1年もつプロダクト

　今度はバッテリーが1年持ち、寿命が切れたら教えてくれるプロダクトを考えてみよう。

　いわゆる「モノのインターネット」の1つの課題は、見た目にも刺激的な最新プロダクトが眩しいフルカラーのディスプレイを使っているせいで、電池の消耗が激しいことだ。デジタル時計は何年も電池を替えなくてもいいのに、こうしたデバイスは毎週や毎日、場合によっては1日に何回も充電しないといけない。

　充電は、デバイスの静けさが失われる要因になる。充電が必要になれば、ユーザーは今やっていることを中断しなければならず、不便で、ひょっとすると危険な状況に置かれる。たとえば道に迷ったときにスマートフォンの充電が切れたらパニックになるはずだ。歯ブラシやスマートフォンで用いられているパッドを使った非接触充電など、邪魔になりにくいタイプの充電方式もあるにはあるが、そもそも充電が必要という問題は依然として残っている。そんなときは、フルカラーのディスプレイをもっと簡素なものにすれば、電池の消耗を抑えるだけでなく、ユーザー体験も穏やかにできる。多くの場合、開発期間や製造コストの削減にもつながるし、不具合も起こしにくくなる。

　というわけで、このエクササイズのテーマはミニマリズムだ。どうすれば、バッテリーの減りとアラートやディスプレイの解像度を最小限に抑えつつ、フルカラーの高解像度ディスプレイ以上に情報を優雅に伝えるデバイスをデザインできるだろうか。

パートA

　まずは、自身のスマートフォンに入っているアプリを1つ選び、同じ機能を持った独立したデバイスをデザインしてみよう（カレンダーやカメラ、デジタルメモ、ストップウォッチ、モバイル搭乗券、電子ウォレットなど）。デバイスは携帯可能で、少なくとも1年はバッテリーが持つものでなくてはならない。となれば、色つきのディスプレイは使えないはずだ。次のようなポイントを考えてみよう。

　　● デバイスが目的を果たすために表示すべき最小限の情報はなんだろうか。

- シンプルな視覚的アラート（LED、電子ペーパー、英数字ディスプレイなど）や、トーンを使って有益な情報を伝達できないだろうか（触覚を使ったアラートは電池を食う）。スマホアプリのように細かい情報を表示する必要はなく、パッと見て使える情報だけ伝われば十分だ。カレンダーなら、何時から忙しくなるかだけわかればいい。

- デバイスの理想的な形状はなんだろうか。ウェアラブル端末か、何かに取りつけるアタッチメントか、それともポケットの中に入れるものか。

パートB

　デバイスそのもののデザインが終わったら、今度はバッテリー残量を示す方法を考えよう。言ったとおり、デバイスは電池の寿命が1年あるから、デバイスの電源が突然落ちる要因になる可能性がある、あるいは電池の消耗が激しいタイプの表示は使えない。別のタイプのランプやトーンが利用できないかを考えてみよう（こちらの場合も、触覚的な表示はバッテリーにやさしくない）。

　前のエクササイズと同様、記号や文字で機能を示した図を描き、評価ツールを埋めていこう。

━ エクササイズ4　穏やかなキッチン

　多くの人が、たくさんのデバイスをキッチンで使っている。だから業界の競争は激しく、各企業はさまざまなキッチン用品を機能的かつ効果的なものにしようと、試行錯誤を繰り返している。しかし残念ながら、キッチンは多くの人が出入りする慌ただしい空間でもあり、複数の活動が同時に行われているから、キッチン用品のほとんどは機能性は十分でも、文脈に適した動作の面ではまだ改善の余地がある。

　このエクササイズの課題は、現行のキッチンテクノロジーのもっと静かなバージョンをデザインすることだ。

　まず、自分がキッチンで使っているデバイスで、アラートがうるさいものを選び、どういうデバイスでどんな機能を持っているかを書き出そう。そのプロダクトはどんなタイプのアラートを使っているか。どんな方法で、何のために注意を

引くか。なぜ自分や周囲の人をいらつかせるのか。どんな状況で邪魔をしてくるのか。

　そうしたアラートのタイプやユーザー体験をどう変えれば、デバイスを改善できるだろうか。評価ツールを埋め、改善点を示した図を描いて、デバイスを環境にもっと溶け込むものに変える方法を考えよう。

━ エクササイズ5　健康な食生活をもたらす冷蔵庫

　今度は健康な食生活への移行を促すような、前向きなフィードバックループを生み出す冷蔵庫をデザインしてみよう。

　しかしまずは、間食を減らす目的で、開けるたびにうるさい音で知らせる冷蔵庫を誰かがデザインしたと考えてほしい。そうした解決策は短期的には効果があるかもしれないが、いくつかの問題がある。

- エッジケースの問題が生じる。たとえば糖尿病の友人が家に泊まりに来て、夜中に低血糖状態になってしまい、何か甘いものを飲むためにあなたを起こさないといけない状況になったとしたらどうだろう。悪くすれば、あなたを不快にさせたくないからと飲むのを我慢し、手遅れになるおそれもある。

- 人間の自由や権利を侵害する。そうした冷蔵庫は、何を、いつ食べるべきかという学びを与えるのではなく、使っている人の意欲を減退させ、辱める。その結果、使用者は冷蔵庫を憎み、嫌いになり、最終的には冷蔵庫を捨てたくなる。

- 問題をかえって悪化させる可能性がある。そうした冷蔵庫があるせいで、使っている人は機械に監視されずに済むようにと、冷蔵庫の新鮮な野菜ではなく外にあるもの、たとえばスナックや出来合いの料理を食べるようになるかもしれない。

　では、ここでの根本的な目標はなんだろう。それは、行動を変える手助けをする冷蔵庫だ。そして、テクノロジーによる行動の変化では、自然に促すことが大

切になる。必要なのは直接的で明確、かつ行動に移せるメッセージだ。直接的で行動に移せるとはどういう意味か。たとえば車で走っていて、道に今の走行スピードが表示されたらどうだろう？　多くの人はすぐにスピードを緩めるのではないだろうか。スクールゾーンでは速度を落としましょうと訴えるテレビCMと比べても、効果は歴然なのではないだろうか。

　以下のようなポイントを考えてみよう。

● 冷蔵庫をどうリデザインすれば、前向きな行動を促せるだろうか。

● どんなタイプのアラートを採用すべきか。

● その冷蔵庫を自分で使いたいか。

● エッジケースを想定したデザインはどのようなものになるか。

─ エクササイズ6　アンビエント・アウェアネスを活用する

　このエクササイズでは、リアルタイムの関連データを家庭やオフィスにさりげなく持ち込む方法を考えてみよう。

　第3章では、ナタリー・ジェレミジェンコのライブワイヤーを紹介した。ゼロックス・パロアルト研究所のプロジェクトで作成した、天井から下がるプラひもだ。ライブワイヤーはひもという視覚的な要素と、ネットワークのトラフィックが発生したときの音というアンビエント・アウェアネスを活用している。ワイヤーは会社のネットワークとつながっていて、電子情報がシステム内を移動するたびに接続したモーターが小さくうなる。社員はその近くに集まって、内部のシステムの状況を話し合うことができる。こうしたライブワイヤーの要素を応用して、自分なりのアンビエント・アウェアネスを活用した自宅用、職場用のツールをデザインしてみてほしい。たとえば、株価が好調なときは緑に、低調なときは赤く光る卓上オーブ「ストック・インジケーター」なんていうのはどうだろう。

　リビング用のプロダクトがいいなら、バスが近づいているときに光る装置もいいかもしれない。頭に入れておくべきは、突然のステータスの変化は人をびっく

りさせるが、ちょっとした振動や色合いのほのかな変化なら、穏やかなシグナル
を発信できることだ。バスの例なら、近づくほど明るくなり、バスが止まると白
く光る状態を保って、走り去ると徐々に暗くなる装置が考えられる。

　次のようなポイントを考えてみよう。

- 自分が繰り返し確認するタイプの情報はなんだろうか。天気か、株価か、ス
  ポーツの試合経過か、あるいは子どもが無事に学校へ着いたという通知か。
  池の氷の厚みか、その日の降水量か、バスの到着時間の情報か。

- 情報はどういうタイプか。何か一般的な価値を持つ情報か、それともバスの
  到着時刻のように、状況に応じた価値を持つ情報か。

- その情報をデバイスにどう表示させるか。デバイスは独立した装置にすべき
  か、それともコンピュータに組み込むか。視覚と聴覚、触覚のどれを使うか。
  ウェアラブルか。答えは使用する文脈に大きく左右される。

　ブレインストーミング等を通じてこうした検討ポイントへの答えが出たら、搭
載すべき機能や、必要な情報を記号や文字で示した図を描き、同時に評価ツール
を埋めていこう。

ー エクササイズ7　触覚を活用する

　ここまでのエクササイズを通じて、みなさんはほとんどのタイプのアラートを
好きに使えるようになっているはず。そこで最後に、一番穏やかで、しかしまだ
紹介していないハプティックアラートを活用するためのエクササイズをこなそ
う。第3章で、ハプティックアラートでは主に手で触った感覚を使ってユーザー
とコミュニケーションを取るという話をしたのを覚えているだろうか。手の感触
はさまざまに応用が利く。このエクササイズではその可能性を探っていこう。

　まず、自分が日常生活で使っているものの中から、聴覚や視覚を使ったアラー
トを採用しているテクノロジーをピックアップし、触覚的な通知に置き換えられ
ないかを考えてみよう。以下のような点を検討してみてほしい。

- どんなプロダクトやデータセット、システムか。

- どんなメッセージを、どんな理由でユーザーに送るか。

- 振動を止める、作動させる方法は何か。インターフェースを用いるか、それとも軽くタップするだけか。

- 採用する振動は1種類だけか、それとも長さや速度、強さの異なる複数の振動を使ってメッセージを伝えるか。振動以外のもの（圧力や温度、質感など）は活用できないか。

- ハプティックアラートを使ってコミュニケーションを取るうえで、どんなエッジケースが考えられるか。そうした状況を解消するのに、デバイスにどんな仕組みを持たせるべきか。

ブレインストーミングを行って、こうした疑問に答えが出たら、機能や必要な情報を書き込んだ図を描き、評価ツールを完成させよう。

そして最後に、そのデバイスを日常生活で使いたいか、使いたい（あるいは使いたくない）ならその理由は何かを考えてみよう。ほかの人にも感想を尋ね、意見を集めよう。自分の意見だけではない、そうした客観的な視点は、触覚のようなあまり一般的ではないステータス表示を作る際には特に参考になる。

この章のまとめ

こうしたエクササイズを通じて、テクノロジーのデザインに対するみなさんの考え方が多少なりとも変わってくれればうれしい。デザインのプロジェクトでは、クライアントの要望に応じる必要がないとか、自分たちのチームが好きに仕事を進められるといった幸運なケースはそう多くない。たいていは周囲と一緒に、チーム外の人間のニーズや視点を理解しながら仕事をしなければならない。

次の第5章では、カーム・テクノロジーを組織内でどう説明するかという課題

を扱う。プロジェクトの障害を取り除き、上層部とコミュニケーションを取りながら最高のプロダクトを世に送り出すことで、ユーザーが困った状況に置かれるのを防ぎ、リアルタイムのサポートを減らす方法を考えていこう。

　最後に、この章のポイントをおさらいしよう。

- カーム・テクノロジーの評価ツールを使い、テクノロジーがどう使用環境にフィットするかを考えよう。

- ステータストーンやアンビエント・アウェアネス、触覚を活用した仕組みを自分のプロダクトに有効活用できないかを検討しよう。

- 「理由はわからないがいらつく」テクノロジー製品を探し、この章のツールを使って理由を調べ、ユーザーを不快にさせる過程を解き明かそう。そして、第2章で紹介したカーム・テクノロジーの原則と、第3章で紹介したカーム・コミュニケーションのパターンを利用して、その製品を改善できないか試してみよう。

- この章で紹介した以外にも、さまざまなタイプのテクノロジー製品でエクササイズを行おう。日常生活にあるほかのテクノロジーも、この章のツールを使って評価できないか考えてみてほしい。

第 5 章

組織内でのカーム・テクノロジー

　ここまで私たちは、カーム・テクノロジーの抽象的な価値観を積み上げてきたわけだが、**その価値観を具体的なプロジェクトに応用する、あるいは文化として組織に持ち込むのは、まったく別の難しさがある。**まず手始めに、組織における原則として、カーム・テクノロジーがどのような価値を持つのかを考えてみよう。

　組織にカーム・テクノロジーが必要なのはなぜか。最も直接的な理由としては、カーム・テクノロジーは企画やアイデアをまとめ上げる強力な考え方であり、明確な目標を与えることで、適切な制限を設定し、最終製品がデザイン過剰になるリスクも減らせる。結果、組み立てやサポート、使用のコストも減る。

　ユーザー体験を穏やかにするのは無駄な労力だし、その過程を省けば**開発期間を短くして費用を削減できると思う人もいるかもしれないが、そのプロダクトやサービスがユーザーに与える長期的な影響を考えてほしい。**インターフェースが穏やかなものではなく、凝りすぎてうるさいものであればあるほど、ユーザーは混乱し、サポートセンターへの電話は増え、バグを修復したり、アップデートをかけたりしなくてはならない回数も多くなる。カーム・デザインは、のちの大きな費用削減につながるのだ。

カーム・テクノロジーのチームを結成する

　カーム・テクノロジーは、**リーン開発の原則**と最高に相性がいい。つまり、何にも増してプロジェクトに関わるステークホルダーの人数を減らすことがポイントになる。**チーム内のステークホルダーの人数が減るほど、仕事は早く進み、リスクを取りやすくなる。**キャリアを台無しにする恐れや、同僚や上層部から罰を食らう可能性も小さくなるから、ミスをしてもいいという余裕が生まれる。

　ステークホルダーの人数を減らす方法はいくつかある。その中でも1つ、驚くほどの効果が実証されているのが、プロダクトやサービスに対する**期待値を低く設定**し、マネジメント層の介入意欲を削ぐやり方だ。余計なステークホルダーはプロジェクトの終了間際に迎え入れ、実績だけを共有するようにする。そうすれば、プロジェクトに関与していることをアピールしたいがためだけに、あれこれ意見を言われるようなことは避けられる。

　一方で重要なステークホルダーには、カーム・テクノロジーの原則を可能な限り理解してもらっておくと、機能追加の要望をかわしきれないときに味方になってもらえる。クライアント側、あるいは自社の組織内に「交渉役」を見つけ、プロジェクトの障害になりそうな人物の説得をお願いしよう。プロジェクトに嫉妬しそうなマネジメント層や上司も、できるだけ早い段階で味方に引き込んでおけば、途中で成果を横取りされたり進行を妨げられたりする危険も減らせる。

　忘れてはならないのは、プロジェクトがどんなに有望でも、マネージャークラスの人間1人の手によって、スタートさせるもストップさせるも思いのままだということだ。しかし彼らも、悪意があって、あるいは無能だから横やりを入れるということは少なく、**組織の中で実績を構築し、重要な人間だと感じたいこと**のほうが大半なのだ。

ー 5人ルール

　なぜ5人なのか。**6人以上のチームは、コミュニケーションが円滑ではなくなり、組織に足を引っ張られやすくなる。**チーム内の意思疎通はそもそも大変だが、メンバーが1人増えるたびに手間は大きくなる。メンバーが増えればミーティングの回数も多くなり、仕事はなかなか進まず、**自分たちで何かを決めるのも難し**

くなる。チームの規模を大きくする必要がなければ、5人以下でもたくさんのことがこなせる。多くの場合、能力と自主性を兼ね備えた人物が2人いれば十分にプロジェクトをスタートさせられる。

　大規模なプロジェクトで、完了には6人以上のメンバーが必要なときはどうすればいいか。その場合は作業内容ごとに**チームを分割し**、各グループがやるべき仕事を用意しよう。グループには必ず**コミュニケーション好き**な人間を加え、ブログや内部文書で状況を伝える仕事を任せよう。そうすれば、蚊帳の外に置かれたように感じる人も減る。

　「内部のステークホルダー」が多いせいで、5人以下のチームを組めなかったらどうすればいいのか。プロジェクトによっては、マネージャーやステークホルダーが口を出してくる難しい状況もあるだろう。上司は「実装予定の機能に特化した少数精鋭のチームを組みたいのはわかるが、ほかの人にも関わってもらう必要がある」などと言うはずだ。

　これは難題だ。**お墨付きを得なくてはならないステークホルダーが増えると、仕事は難しくなる**。必要な人材でも、チームのこれまでのやり方にフィットしそうにない人物なら、力を発揮してもらうのは難しい。こうした問題を解決する1つの方法が、**メンバーをベータテストする**ことだ。

― チームをテストする

　プロジェクトチームは一種の音楽バンドだ。バンドは大舞台に臨む前に練習する。それと同じことをしよう。

　まずは、みんなのチームワークを見るための簡単なテストプロジェクトに取り組もう。新しいおもちゃや楽しみのためのプロダクトをデザインする1時間のエクササイズを行うだけでも、時間制限のある中で、みんなで何かを作り上げる過程がどういうものか、あるいはメンバー間でどんな衝突が起こりそうかがつかめる。連携の取り方を学べるし、メンバー間の摩擦の要因に早めに対処して、政治的障害が避けられないほど大きくなるのを防げる。衝突を解消したり、相性のよくないメンバー同士を遠ざけたりできる。

　まずはメンバーに、どんな仕事に関心があるか、どんなかたちでプロジェクトに貢献できそうかを尋ね、それからテストプロジェクトに着手しよう。大きなも

のが懸かっている巨大プロジェクトだと、不安を感じるメンバーや、社内での立場が危うくなるのを嫌がって、具体的な仕事は受け持たず形式的に参加したいと言う人も出てくる。誰だってプロジェクトが失敗したときの評価は気になるから、これまでとは異なるコンセプトの下、見慣れない機能を実装しようとするプロダクトには関わりたくないのも仕方ない。こういう状況では、**クリエイティブな安心感をもたらすことが重要になる**。マネージャーの懲罰を心配せずに斬新なアイデアを追及できる場を用意しよう。

― 自分とは違うタイプを迎え入れる

チームには**多様な視点**が必要だ。そうでなければ、よりよい解決策を見つけ出す機会を失うことになる。チームを作る際は、メンバーがお互いを尊重し、誰もが力を発揮できる環境を整えよう。

必要なのは幅広い人材だ。あなたがお金持ちにしか手が出せそうにないものを作ろうとしたときに、「本当にそれでいいんですか？」と問いただしてくれる人間。自分よりも乱雑な、あるいは整理整頓の行き届いた環境で暮らしている人間や、出身国や人種が異なる人間をチームに迎え入れよう。

業界の内情には詳しいが、それをステークホルダーにわかる言葉で話すのは苦手な人もいるかもしれない。その場合、彼らの言葉をステークホルダー向けに「通訳」できる人を見つけるか、自分で通訳を務めるかしよう。

プロジェクトに情熱を燃やしているメンバーの意見は、人となりや出自に関係なく、真剣に受け止めなくてはならない。上層部がそうした誠実なフィードバックを持て余しているなら、みなさんが翻訳し、「経営陣向けの安全な」言葉として資料で提示する必要がある。最初に説明したとおり、プロダクトへの期待度を低く設定しておくと仕事がやりやすくなるだろう。マネージャーによる査定の対象でなければ、翻訳はそう難しくない。

― 政治的なバッファとなる人材を見つける

社内政治はたいてい退屈で、チームが最高の仕事をする妨げでしかないが、最も効果的な組織でも社内政治は存在する。そこで、**チームが仕事に専念できるよう、政治的なバッファとなるプロジェクトの支持者を見つけよう**。チームに加え

て仕事を受け持ってもらうのもいいし、頻繁に会うだけでもいい。ほんの少し時間と労力をかけるだけで、あなたとチームは自由になり、実際の仕事に集中できるようになる。歴史の長い組織で働いているなら、マネージャー向けのウィークリーレポートを書く仕事を誰かに任せてみよう。

　プロジェクトのポジティブな面だけを書きたくなる気持ちはわかるが、現実には、マネージャーはネガティブな面も知りたがる。悪いことを何も伝えずにいたら、上層部はオブラートにくるんだ現実よりもずっと悪いほうへ妄想を膨らませる。それを避けるため、ゆっくりとでも成長していることを数値で示そう。プロジェクトが目標へ近づいていることが分かれば、マネージャーも安心して眠れるようになる。ウィークリーレポートは、マネージャークラスが役員会に話を持ち込み、プロジェクト続行の許可をもらう際の武器にもなる。

　マネージャーに助けを求めるいいきっかけにもなるし、マネージャーが仕事をしやすくなることにもつながる。悪い知らせでも、こちらから伝えれば驚きは小さい。マネージャーをすっ飛ばして、もっと上の人間が先に現状を知ることがないようにしよう。

プライバシーを尊重したデザイン

　プライバシーの保護は、現代の消費者が何より気にしている部分で、重要性はこれからもっと高まっていく。工業化社会から情報化社会へ移り変わる中で、プライバシーやセキュリティ侵害の影響を実際に受ける人はどんどん増えている。この本を書いている時点でも、アシュレイ・マディソン社に対するハッキング［既婚者向け出会い系サイトにおける登録者情報流出事件］はまだニュースのトップで扱われ、プライバシーの侵害は人々の生活に大規模かつ深刻な影響を及ぼしている。

　こうしたプライバシー上の災難への対策としては、プライバシーをプロダクトのデザインに組み込むことが大切だ。**プロダクトのライフサイクルのあらゆる面で、またプロダクトのネット上での扱いや、顧客との契約、ユーザー体験、情報発信、製品開発などを含めたすべての面で、どうすればプライバシーを守れるかを考える必要がある。**

　プライバシーの問題は、もはやプロダクトやサイトが攻撃される、されないと

いったレベルの話ではない。問題は、いつ攻撃されるかだ。**多かれ少なかれ、プロダクトやサービスはどこかのタイミングで必ず攻撃を受ける。** 私たちはその現実を受け入れないといけない。それが今後のテクノロジー社会であり、未来にはバグやウイルス、ハッカーによる攻撃が待ち構えている。大切なのは、今動くか、それともあとで動かざるをえない状況に追い込まれるかだ。恐れず今から準備を進めよう。そうでなければ、今よりずっと恐ろしい結末が待っている。気をつけてほしい。生活の一部になるデバイスが増えるほど、危険は増していく。業界の流れや規制にしっかり付いていくことも忘れてはならない。**作り手がユーザーのために戦えば、ユーザーもこちらのために戦ってくれる。**

これから話すガイドラインを参考にしながら、プライバシーを守るプロダクトをデザインしていってほしい。

ー プライバシーを尊重したユーザー体験

プライバシーに優れたユーザー体験では、ユーザーはアプリを使い始めた瞬間、メーカー側のプライバシーに関する方針を理解できる。優れたアプリは、ソフトウェアを使い始めたユーザーに選択肢を示す。

写真や位置情報、連絡先の情報を必要とするアプリやプロダクトもあるが、それでもユーザーは、プロダクトを使うたびに情報を提供したいとは思わない。だから、ユーザーがインタラクションを行う瞬間、あるいはコンテンツを生み出す瞬間に、データ共有のオンとオフを切り替えられる仕組みを用意する必要がある。

そうしたプライバシーコントロールは、ユーザーがアプリを利用してコンテンツを生成する瞬間に提示する必要がある。 提供しているシステム内でユーザーがコンテンツを作ったり、あるいは共有したりするたびに、コントロールを表示しよう。インスタグラムのやり方は見事で、ユーザーはコンテンツを作った瞬間、地図上に写真を置くかを自分で選べる。以下のようなガイドラインを守ることを心がけよう。

- ユーザーに権限を与える。

- オン／オフを切り替えられるスイッチやシンプルな設定を用意する。

- アラートのタイプやトーン、音量のレベルといったコントロール要素を簡単に調節できるようにする。

- プライバシーコントロールを複雑なメニューの奥に隠さない。可能であれば物理的なボタンを作成する。

ー プライバシーポリシーを定める

　考えてみてほしい。インターネットにつながったプロダクトやサービスを運用するのと、具体的なモノを誰かに提供するのとではわけが違う。ネットとつながったプロダクトの管理者は、ユーザーのデータを取り込み、世話をする義務がある。**ユーザーのデータを預かると同時に、「ユーザー自身も」預からないといけない！** これは責任重大で特別な立場だが、当然の権利ではない。プライバシーポリシーはあとで後悔しないためのツールだ。プライバシー関連の規制は増えているから、ポリシーを定めなくてはならないケースも増えていくだろう。

　プライバシーポリシーは、プロダクトを使い始めると何が起こるかを、ユーザーが1分以内で理解できるものでなくてはいけない。そのための一番の方法は、**プライバシーポリシーを「平易な言葉で書いたもの」と「法律文書として書いたもの」の2種類用意すること**だ。まずはポリシーを普通の言葉で書き、それを会社の弁護士に見せてフォーマルな形に書き直してもらい、さらに平易版のブラッシュアップも行う。そして、それをサイトで掲示するか、プロダクトに添付する。

　プライバシーポリシーは、最も基本的なものでも、少なくとも次の質問に答えなくてはならない。

- プロダクトやサービスはどんなデータを、なぜ集める必要があるのか。

- 集めたユーザーのデータは何に使い、なぜ共有する必要があるのか。

- どこへ行けばアカウントを**完全に削除**し、データがサーバから間違いなく削除されたことを確認できるか。

- プロダクトが集めたデータをユーザーが**ダウンロードする**場合は、どこへ行けばいいのか。サービスが停止した場合、管理者はユーザーのデータ移行を助けてやらないといけない。それが、ユーザーのデータを一時的に預かるという特別な立場にある人間の責任だ。**データはユーザーのものであって、会社のものではない。**そしてプロダクトを提供する人間は、ユーザーに負うところが多い。会社やプロダクトはユーザーに生かしてもらっているのだから、尊重しなくてはいけない。**ユーザーをリスペクトすれば、彼らもこちらをリスペクトしてくれる。**

- 会社へのハッキングの影響が**ユーザーの私生活**に及ばないようにするために、どんな予防策を講じているか。

- プライバシーポリシーの更新はユーザーにどう通達するか。ポリシーの変更は、新ポリシーが施行される少なくとも30日前に通達することを習慣づけよう。その際は、変更箇所だけをピックアップした**抜粋版**を示し、どこが変わったかユーザーにもわかるようにしよう。

- 透明性を確保するために何をしているか。**データの使いみちをユーザーにきちんと示し、透明性を活用して信頼を勝ち取ろう。**

　こうしたポイントは、プライバシーポリシー作成のいい出発点になる。エンジニアチームのデータの保存方法、保護方法を尋ねるきっかけにもなる。

ー セキュリティ侵害に備える
　セキュリティ侵害は、機械ではなく人間が起こすものだ。そして、そういう人間には2つのタイプがいる。抜き取ったデータや個人情報を活用しようとする人間と、単純にシステムにいたずらをして、システムをいじれるか、あるいは壊せるかを試そうとしている人間だ。そして侵入の多くは、9〜5時で働いている人間ではなく、時間を自由に使って遊んでいる人間が、非公式に行う。**一番のセキュリティ対策は、こうした人たちとコンタクトを取り、彼らを尊重し、採用するこ**

とだ！　今はさまざまなハッキング技術が発達している一方で、セキュリティ対策は投資しても純粋な見返りがないため、組織からのサポートは得にくい。だからほとんどの会社は、実際に攻撃を受けるまで対策にリソースを割かず、攻撃されたシステムの復旧に多大なコストを支払っている。しかし、製品開発の初期段階でセキュリティの基本原則を導入していたら、攻撃自体を防げていたかもしれないのだ。

カーム・テクノロジーをマネージャーに売り込む

　カーム・テクノロジーをはじめ、今までとは異なる手法を導入したいという話を聞いたマネージャーは、たいてい「なんだそれは」と怪しむような反応を返す。それは構わない。彼らはただ、自分の仕事をしているだけだ。みなさんの仕事は、そうした懐疑の壁を突き破り、マネージャーをカーム・テクノロジーの支持者へ変えていくことにある。

　その過程では、**障害を予測し、それに対して穏やかに、合理的に、マネージャーの立場を考えて対応することが必要になる**。ここでは特によくある障害と対応を紹介していこう。

― 障害1　機能は多いほうがいいに決まっているという考え

　企業の幹部はなぜ、最初から機能が満載されたプロダクトを求めるのだろう。それはおそらく、機能の多さを武器に市場で長く生き残り、自らの価値を証明して、成功したプロダクトを見てきたからだ。

　マネージャーは、そういう成熟したプロダクトを見ている。そして機能の少ない、まだ大人になる前の未熟なオリジナル製品は目に入っていない。しかし、どんなものでも最初は小さくスタートして徐々に成長し、やがて完成するのだ。最終形を念頭に置いてスタートするのは悪いことではないが、もっと重要なのはそこへ至るステップを把握することだ。画廊へ行けば美しい絵が目に入るが、その絵は実際には何度も手直しがされている。同じように、成功を収めたプロダクトも、買った時点やメディアで話題になった時点ではわからないが、無数の手直しが入っている。

解決策

　この障害に対しては、**成功を収めたプロダクトの歴史を教え、それらが実際にはどう成長してきたかをわかってもらうやり方が有効だ**。どんなプロダクトも、開発を根気よく続け、1シーズンに1つか2つの機能を増やし、ファンのコミュニティと交流しながら成功につなげてきた。

　つまり一番いいのは、少ない機能で多くのお金を生み出したプロダクトの例を紹介することだ。これだけ聞くと簡単に思えるかもしれないが、プロジェクトを承認してもらうには、マネージャーに「保証」を与える必要がある。重要なのは、マネージャーが理解と安心感を得ることだ。ほかの会社もカーム・テクノロジーを使って成功を収めていること、今取り組んでいるプロジェクトはよくわからない突飛なものではなく、ちゃんとした成功への道筋があることをわかってもらう必要がある。機能のリリース予定をプロジェクトに組み込んだほうがいい場合もあるだろう。そうやって先々のリリース予定を示せば、機能の追加をひとまず先送りにし、じっくり考えたうえで組み込めるようになる。

　では、それがうまくいかなかったらどうすればいいのか。プロダクトに持たせる機能について、幹部がセールスチームを通じてすでに市場へ売り込んでしまい、全部組み込む必要があるときはどうすればいいのだろうか。この場合、すでに予算が下りているプロダクトを作る以外の選択肢はおそらくないが、それでもプロダクトの設計やユーザー体験のデザインを始められる立場なら、実現可能なロードマップを提示するといい。そうすれば機能を減らしつつ、幹部を安心させることもできるだろう。

― 障害2　以前からある機能をすべて残さなくてはならない

　みなさんの会社に、幹部お気に入りの「ペットのような機能」を備えたプロダクトや、あるいは「絶対にそのまま残さなくちゃならない」古くさい機能を持ったプロダクトはないだろうか。これは難しい状況だ。古くさい機能は悪い習慣のようなもので、新しい（そしてたいていは優れた）アプローチの導入を阻む障害になる。そしてそれ以上に、古い機能はユーザーインターフェースやプロダクトの使い方を複雑にする。しかし実は、こうした古くさい機能には便利な攻略法がいくつかある。

解決策

　こうした障害に行き当たった場合は、マネージャーが決断の責任を取らなくてもいいかたちで、このままではダメだと証明しよう。具体的には、外部の情報を使ってダメな理由を説明する。まずは、**市場のユーザーがそうしたエレガントな機能を本当にすべて使っているかを確認する**。プロダクトの試験とユーザーテスト、統計分析が参考になるはずだ。そして、便利に利用されている機能と、そうでない機能とが判明したら、意見の裏付けとなるデータを用意する。使用率は低いが、使っている人にとっては不可欠の機能に関しては、日々使うものでなければユーザーインターフェースの下層へしまうという手がある。

　もう1つ、ユーザーが機能に圧倒されずにプロダクトになじめるような「**ライトな**」**バージョンを作る**方法もある。アドビはこの路線でPhotoshopの廉価版であるPhotoshop Elementsをリリースした。Photoshop Elementsは、写真編集の基本的な考え方や、Photoshopの一部のツールを無理なく一般ユーザーに紹介する役割を見事にこなしている。おかげで、新しい世代の新規ユーザーがPhotoshopを仕事に使うようになり、アドビ製品の市場はほんの数年で2倍以上に拡大した。

　私が前に働いていた会社では、1人のステークホルダーが、ウェブサイトのあるページを完全に支配し、載せられる限りの機能を詰め込んでいた。サイトはその後、そのページについてはそのままの状態で公開された。そしてサイト利用の統計データを見てみると、誰もそのページを見ていなかった。だから私たちはそのデータをもとに、ページの削除を求めるプレゼンテーションを行った（その結果、ページはサイトのほかのページと同じレベルまで機能を減らし、デザインを見直したものに差し替えられた）。

― 障害3　大量のステークホルダーの扱い

　巨大なプロジェクトには常に大きな期待がつきまとい、失敗できないプレッシャーが関係者を追い詰める。莫大な予算をもらっていることも多く、そしてどういうわけか、それがリソースの配分ミスにつながる。しかも、期待度の高いプロジェクトでは仕事を失いたくないから誰もリスクを取ろうとしない。プロジェクトにかかりきりになるあまり、広くて政治的な外の世界に目が行かなくなるメ

ンバーもいる。簡単に言うと、**内部のステークホルダーの数が増えるほど、作っ
ているプロダクトは社外のユーザーのためではなく、内部のマネージャーの顔色
をうかがいながら作ったものになる。**

マネージャーの多くがプロダクトに関する意見を持っていて、その意見に何か
を懸けている。だからプロジェクトに口出しをしようとする。

解決策

そうしたメンバーにはリサーチ活動を手伝ってもらい、現場でのテストに連れ
出そう。

― 障害4　テストをしている時間がない

ユーザーリサーチやユーザーテストをする時間がない場合は、お金を払って人
を集め、社内のラボという滅菌された環境の中でプロジェクトをテストしなくて
はならない。企業秘密だからだ。

解決策

会社の内部に、プロジェクトを実際に使う状況になるべく似せた環境を再現し
よう（レジ待ちの列、リビング、職場、学校、公園、駐車場、博物館など）。そしてチーム
のメンバーにテストをしてもらおう。段ボールや紙でプロトタイプを作れば費用
を節約できる。

― 障害5　プロダクトはローンチまで秘密にしている必要がある

「完成が確信できるまで、プロダクトは誰にも見せちゃいけない。外部のテス
ト参加者にもだ！　ほかの会社に漏らしたりしたらクビだぞ」。

しかし多くの場合、**トップシークレットのプロダクトはコケる。**マイクロソフ
トが開発したMicrosoft PixelSenseは、30インチのリアプロジェクション・ディ
スプレイを備えたテーブル大のタブレット用プラットフォームで、2007年に初登
場したタブレットはMicrosoft Surfaceと呼ばれていた。このプロダクトは極秘
裏に開発され、とんでもなく高価（1万ドル以上）で、エンジニアが入手するのは
不可能だった。その後、2010年に9.7インチのアップルのiPadが発売されたとき、

私は「ミニチュア」のSurfaceだと冗談を言った。形状は小さく、安価で、マルチタッチのスクリーンを備えていた。マイクロソフトが手の内を隠し続けたのが嘆かわしかったし、実際、Surfaceは市場の一般消費者の心をつかむのに苦労した。2012年10月にはマイクロソフトも小型化したデバイスを発表し、Surfaceの名はそちらで残しつつ、大型版はMicrosoft PixelSenseと名前を変えてSamsung SUR40 with Microsoft PixelSenseとして発売された。会社は2013年の会計年度にSurfaceの販売で8億5300万ドルの収益を得たと発表したが、同時に広告と宣伝には9億ドルを費やしていて、その割に市場の反応は今ひとつだった。加えて、マイクロソフトは会社の中核となるOSをリデザインするというリスクを冒し続け、Windows 8は使いにくいと大不評だった。それでも会社はこうした教訓から学び、めげずにリリースしたSurface 2や3、あるいは次のバージョンのWindowsは以前のバージョンよりも好評を得ている。2015年1月には、Surfaceの収益は10億ドルに到達し、同年7月にリリースしたWindows 10は、モバイルタブレットにぴったりのOSとして堅実なスタートを切った。SurfaceやSurface Book（ノートPC型）、Surface Hub（双方向型のスマートなホワイトボード）が今後成功するかはまだわからないが、マイクロソフトは少しずつプロダクトを改善している。

解決策

これは、解消するのが最も難しい障害だ。実際、多くの会社は知的財産（IP）権の問題と、情報のリークという真っ当な不安を抱え、プロダクトを外部の人間に見せることを禁止する方針を打ち出している。その一方で、外部からのフィードバックを得ないまま開発期間が長引いていくと、エンジニアにとっては理にかなっているが、ユーザーには意味不明という機能やインターフェースの**エコーチェンバー現象**［閉じられた環境で、同じ立場や考えの者同士で意見交換を繰り返すことで、特定の偏った思想が増幅し影響力をもつ現象］が起こりやすくなる。

この場合は、プロダクトを外に公開しようという負け戦に臨むのではなく、内部からフィードバックを得るべきだ。**IPを気にするほどの大企業なら、プロジェクトのことをまったく知らない従業員もたくさんいるだろう。**

内部の人に使ってもらうのは、外部テスト代わりのちょうどいいリトマス試験

になる。優れたプロダクトなら社内に広まっていき、社員が**進んで使う**ようになるだろう。そうしたプロダクトは、外の世界でも成功する見込み大だ。実際、Gmailはまずグーグルの社内で広まり、そのあとにプロダクトとして外部にリリースされた。

プロダクトを人間社会に持ち込む〜カームプロダクトのローンチ

テクノロジーは人間と触れあう準備ができているかもしれないが、人間のほうはテクノロジーを受け入れる準備ができているとは限らない。

プロダクトの開発期間や、ユーザーが新しい考え方に慣れるまでの時間については、近視眼的な見方や誤解が蔓延している。そのせいで、プロダクトのローンチが遅れることも多い。たとえば、エレベーターが近代の高層ビルに設置され始めた当時は、乗る人がびっくりしないようにとあえて導入スピードを遅くしたという。

自分が作っているプロダクトが、ユーザーに受け入れられるにはどうすればいいだろうか。この問題を解決するには、過去に成功を収めたプロダクトのローンチに目を向けるといい。**最終的に成功を収めたプロダクトでも、最初からその形で発売されていることはほとんどない。**成功した商品は、ユーザーとともに進化し、徐々に人々の生活に溶け込んでいった。ユーザーリサーチを実施し、市場のニーズを理解すれば、プロダクトのローンチに失敗してがっかりする（もちろん、お金も無駄になる）ことは少なくなる。

優れたプロダクトを作ることも大事だが、それを世に紹介する方法も同じくらい大切だ。リリース時期が早すぎたり、説明が十分ではなかったりしたプロダクトは、ユーザーの混乱や、悪くすれば恐怖心を招く。みなさんにも、スーパーマーケットの棚にいつも見かけるけれど、一度も買ったことのない商品があるはずだ。市場のユーザーのことや、想定される使い方を理解しないまま、あまりにもたくさんの機能を同時に搭載しすぎた経験がある人もいるのではないだろうか。

ローンチがうまくいくかは、プロダクトが社会規範を尊重しているかにかかっている。第3章では、「テクノロジーは社会規範を尊重したものでなければならない」という原則を紹介したが、これはローンチの過程にも当てはまる。想定し

ている使用環境と使い方を紹介するのもいいが、それよりも大切なのは、**一般の人がデバイスを使って遊び**、自分なりの解決策や使い方を編み出せるか、だ。

　ローンチの過程で重要なのは、どこで、誰に向けて売り出し、どのくらいの規模のテストを実施し、値段をいくらに設定するかだ。極端な秘密主義を貫くのではなく、何人かの人に実世界でテストしてもらうことが肝心になる。**ファンの口コミほど貴重なものはない**。

ー 段階的な刷新

　優れたデザインはユーザーを最短距離での目標達成へ導くが、**カーム・テクノロジーは目標到達に必要な注意力の量を減らす**。プロダクトになんらかの機能やシステムを加えるときは、「本当に必要か。もっと安くていい方法はないか。可動部分やコードの行数を減らしてリソースを節約できないか」を自問してほしい。デザインは、自分に厳しい制約を課すとうまくいきやすい。制限があると、人は知恵を絞り、何ができて何ができないかを必死に考えるようになる。時間やリソースに余裕があるチームは過剰なデザインをしがちで、むしろ限られたリソースで作ることを強いられたプロダクトのほうが、実際にはうまくいくことがある。

　プロダクトに対する情熱も必要だ。アップルの共同創業者であるスティーブ・ウォズニアックは、自分専用のコンピュータがどうしても欲しかったが、お金がなかった。だから、来る日も来る日もコンピュータのデザインに頭をひねり、どうすれば安いパーツで動くコンピュータを作れるかを考えた。考えているうちに頭の中でコンピュータの模型が組み上がっていき、やがてはパーツを外す作業が始まって、最終的にとても安いコンピュータができあがった。そうして生まれたのがApple ⅠとApple Ⅱだ。そこから家庭用コンピュータの業界に革命が起こり、新世代のソフトウェアエンジニアが次々に登場していった。

　これからの時代は、タスクを一番効率的にこなすプロダクトが勝利を収めるだろう。目標達成のためにユーザーがこなさなくてはならないステップを減らそう。ユーザーがプロダクトやサービスを使って何をしようとしているかを知り、そのやりとりをマッピングしよう。

　どんなにがんばっても、がんばりすぎることはない。デザインに力を注ぐほど、発売後のシステムのサポートにかかる労力は減り、長期的には費用も節約できる。

一 競争

　競争で負けたり、類似品が登場したりするのを恐れて、「完璧」なプロダクトができるまでローンチを先延ばしにしようとする企業は多い。しかしこの考え方は、企業のためにも、ローンチのためにもならない。

　ソーシャルネットワーク業界を考えてみてほしい。FriendsterやTrive、MySpaceといった先行サービスをはじめ、多くのサービスがFacebookの牙城に挑んだが、FacebookがSNS業界を席巻する状況は変わらなかった。それは、Facebookが世界初のSNSだったからでも、ほかのサービスのまねだったからでもなく、新たな機能をどんどん実装してユーザーとともに成長していったからだ。**実装を止めないという最高の実装方法を採った**。それが最高のユーザー体験を生み出した。

　テック業界には、食うか食われるかの競争に対する恐怖が過剰に渦巻いている。しかし、恐れるべきは停滞のほうだ。スタートアップが大企業に確実に勝る強みは、優れたアイデアよりもフットワークの軽さだ。大企業では、ローンチ方法を決めるのにも半年かかるが、スタートアップなら２日でテストをこなしてうまくいきそうか、ダメそうかを判断し、ダメなら週の終わりにはまったく別の方法をテストできる。**ぐずぐずと決断を先延ばしにすることで消えていった企業は、競争に敗れて姿を消した企業よりも多い**。

　プロダクトがファン集団を獲得することは、派手な宣伝キャンペーンの成否の枠にとどまらない、もっと実際的な意味がある。ユーザーが実際にプロダクトを使っている瞬間を描き出し、彼らに自分なりのストーリーを語ってもらおう。開発中のプロダクトの想定ユーザーのペルソナを考え、どんな使い方が考えられるか、どんな驚くべきユーザーがいるかを実験するのもいい。そして最後に、顧客を尊重し、プロダクトを作っているのは彼らのためだということも忘れないようにしよう。サポートスタッフに寄せられる苦情で最も多いのは何かを定期的にチェックし、次のリリースでインターフェースやプロダクトのデザインをどう改善すれば、その問題を解決できるかを考えよう。

一 リサーチをやろう！

　SF作家であるウィリアム・ギブソンの有名な言葉に「**未来はすでにここにあ**

る。ただ均等に行き渡っていないだけだ。」というものがある。ユーザーが以前と同じ過ちを繰り返すせいで、プロダクトも失敗する事態を避けるには、過去を研究するのが一番だ。

　私はキャリアの大半を、ユーザー体験関連の仕事に費やしてきた。スタートアップを立ち上げてたくさんの人が使うプロダクトを作ったこともある。プロダクトが成功するかどうかを予測し、その改善方法をクライアント企業にアドバイスする、ユーザー体験の分析に従事したこともある。つまり、**プロダクトの体験そのものを深く考え続けている。**

　その中で、システムや業界が過去から学ばなかったせいで時代に逆行し、たくさんの新商品や新機能をいっぺんに紹介する、あるいはデザインについて見当違いな想定をするケースをよく目にしてきた。そうしたミスの代償はとても大きい。最たる例がGoogle Glassだが、ほかにもたくさんある。

　リサーチは「ぜいたく」ではなく、デザインの過程で必須の仕事だ。時間やお金を節約できるだけでなく、**優れたリサーチは「現実」と想定とのギャップを縮める。**しかもプロダクトをつぶさに調べ、リサーチの進め方を考えていると、実はそのあいだにリサーチ作業の大半が終わっていることに気づく。

　多くの学術機関がプロダクトやサービスを生み出し、さらにはスタートアップを創業して、その経験を綴った文章を著している。そうした学術文書のアーカイブや、インターネットアーカイブ（*https://www.archive.org*）は便利だし、業界の著名人に、今自分が作っているのと似たプロダクトを過去に作っていた大学や企業がなかったかを聞くのもいい。

　これから活躍するテクノロジーを作ろうとしているときに、過去に目を向けるのは、直感的には見当違いなように思えるかもしれないが、過去に立ち返ることには大きなメリットがある。確かにいくつかの研究論文は読みにくいが、ある程度慣れてしまえば、すぐに要点をつかめるようになる。大学や大学院の年間製作として作ったものもあれば、学位取得のために４年か５年かけて取り組み、そのあと社会へ出たり、研究対象を変えたりした学生のプロジェクトもある。このように、研究論文の多くは学術目的で書かれているから、学生が社会へ出る前に多様な考え方を知るのにも適している。ジョージア工科大学やカーネギー・メロン大学、ニューヨーク大学、スタンフォード大学、マサチューセッツ工科大学のメディ

アラボ、ロードアイランド・スクール・オブ・デザイン (RISD) といった学府の論文をひも解こう。ゼロックス・パロアルト研究所の研究に目を向け、何かアイデアを考え出した、あるいはミスを犯した人に連絡を取るのもいい。もしかしたら、そこで働くきっかけになるかもしれない!

― 現実世界でテストする許可を与える

　企業の幹部やマネージャークラスは、プロダクトを作ったあとのチームに、現実世界でのテストや小規模なベータテスト、コードの安定性テストなどを実施する十分な時間を与えてほしい。上層部は顧客に対して、機能性ではなく機能を売り込みたがる傾向にあるから、プロダクトは十分な機能性テストをしないままリリースされやすい。

　企業は製作に夢中になるあまり、外の世界にふさわしいものかどうかの「サニティーチェック」をおろそかにしがちだ。プロダクトが成功を収めるには、まずは台数を絞って売り出し、徐々に生産の規模を拡大していくことが必要になる。

　テストはプロダクトができあがったあとの最後の段階でやるよりも、作りながら進めるほうがいい。そうすれば資金や時間の大幅な節約になり、デザインのミスも早い段階で見つけられる。外部テストに承認が下りなかったら、誰かを部屋に呼んで使い方を自分で考えてもらおう。すぐに使い方がわからなかった機能は、デザインを改善したり、箱の前面で真っ先に使い方を説明したりする必要があるかもしれない。

― すべてを一度に見直さない

　ユーザーが使い方に習熟している便利なシステムなのに、「さあ、一切合切をデザインし直しだ!」と言ってしまう企業は多い。こうした意見は幹部とエンジニアの両方から出てくるもので、おそらくエンジニアはシステムの保守やコードの点検ばかりの日々に嫌気が差して、ステークホルダーは機能を加えるかコストを削減するかしたくて、そういうことを口走るのだと思う。しかし気をつけてほしい。全面的なデザインの見直しは、企業の決断の中でも何よりリスクが大きい可能性がある。システム全体やソフトウェアそのものの見直しをする場合、以前のバージョンをサポートしつつ、新しいバージョンのバグに対応してサポートも

始めるということを同時にやらなくてはいけない。エッジケースの数も2倍になり、システムが安定性を取り戻すには数年を要することもある。

　システムは、デザインを刷新して複雑で新しいものに置き換えるよりも、時間をかけてゆっくり改善していくほうがいい。いったん立ち止まって新しいシステムを学び直さなくてはいけないとミスにつながるが、一度に1つずつワークフローを学ぶだけなら、時間をかけて変更点に慣れていくことができる。

　カスタマーサービス部に電話をかけ、一番多い問題を明らかにしよう。サポートスタッフは、たいてい同じ苦情を何度も受けている。**苦情の第1位はなんだろうか。それを真っ先に解決し、段階的に課題を解消していこう。**最も難しい課題を解決すれば大きなインパクトを与えられるが、シンプルな問題を解決するだけでもプロダクトを大きく改善できる。必要なのはサポートスタッフの入れ替えではなく、かかってきた電話に彼らがうまく対応できるよう手助けをすることだ。デザイナーやエンジニアと協力して一番の問題の解消に努めよう。それから、次の問題に取り組もう。

　こうした苦情がまったくなくなり、さらに技術も経験も十分ならデザインの根本的な改善をやってみるのもありだが、（ソーシャルニュースサイトのDiggやソーシャルネットワークサービスのStumbleUponなど）いくつかの大手サイトがデザインを全面的に刷新し、ユーザーの信頼を完全に失ったのは忘れてはいけない。

ー 人と人との交流のためのデザイン

　デザイナーにとって、人間の代わりをするテクノロジーを導入したいという誘惑は強烈だが、大切なのは**人間同士の交流を改善し、スムーズにする**ことであり、それこそがテクノロジーの一番大きな役割だ。みなさんの指の筋肉には、おそらくGoogle検索をしたときの記憶が数限りなく刻まれているはずだが、そのときGoogleがやっているのは、人間の知識を別の人間とつなぐことでしかない。Facebookは、人と人とを従来よりも速くつなげているだけでしかない。Slackはメールよりもスムーズに、負担の少ないかたちで人同士をつなげる。こういうシステムでは、テクノロジーは背景に溶け込み、ほとんど目にみえなくなる。

　最も強力なテクノロジーとは、みんなをつなげるものだ。その中でも最も古いのが、書かれた文字や儀式、歌だろう。どれも誰かと誰かをつなげるためにデザ

インされたシステムだ。書籍でも、夢中で読んでいるうちに読者はページの存在を忘れ、作者が何を言わんとしているかを想像する。そのとき、読者は作者の頭の中とつながっている。これこそ、最高のテクノロジーの在り方だ。そこではテクノロジーのインターフェースは消え、人がインターフェースとなって、別の人やコミュニティ、アイデアとつながる。初期の掲示板ソフトウェアは画像を添付できなかったが、それでも人をつなげる力はあった。

━ バッテリーの寿命を長持ちさせるデザイン

バッテリーの寿命は徐々に伸びているが、バッテリーを節約するのに一番いいのは**シンプルで効率的なシステムをデザインする**ことだ。バッテリーが切れて立ち往生する人は誰だって見たくない。

たとえば私は、自宅にスマートロックのシステムを導入し、すぐにこのデジタルなシステムに頼りきりになった。すごく便利だから今は鍵を持ち歩いていないし、ドアロックの充電が切れて家に入れないことを心配する必要もない。電池は1年に1回くらいなくなりそうになるが、そのときはキーパッドが**赤く光って知らせてくれる**から、余裕を持って電池交換ができる。

この章のまとめ

この章を読んで、みなさんがプロダクトの穏やかなローンチという考え方や、発売前に十分なテスト期間を確保するための戦略について、理解を深めてくれればうれしい。プロダクトのデザインや開発に絶対の正解はなく、想定ユーザーや起こりうるトラブル、ユーザーの生活に対するプロダクトの影響度などを検討できていればそれでいい。ユーザーのニーズに細心の注意を払い、ユーザーを尊重しながら開発を繰り返せば、きっとユーザーのためになるプロダクトが作れる。そしてユーザーを尊重するプロダクトは必ず勝利を収める。

最後に、この章のポイントをおさらいしよう。

- **チームは規模が重要だ。**チームに参加するステークホルダーの人数が少ないほど、仕事のスピードは速くなり、リスクも取りやすくなる。人数が1人増えるたび、コミュニケーションの壁も高くなる。

- **テストプロジェクトを通じて、チームの強みと弱み、連携の取り方を見つけ出そう。**新しいおもちゃや楽しみのためのプロダクトをデザインする1時間のエクササイズを行うだけでも、時間制限のある中で、みんなで何かを作り上げる過程がどういうものか、あるいはメンバー間でどんな衝突が起こりそうかがつかめる。

- **客観的な視点も重要になる。自分とは違うタイプの人間を見つけよう。**バックグラウンドの異なる多様なメンバーでチームを組めば、エッジケースを見逃すことも少なくなる。ユーザーはみんな同じではないのだから、チームもそうあるべきだ。

- **社内のサポートは大切だ。**官僚的な組織や、社内政治の激しい企業で働いているなら、必ず内部で信頼されている人の後ろ楯を得てプロジェクトを進めるようにしよう。会社に伝わる言葉でプロジェクトの価値を説明する方法を見つけ、彼らの言葉に翻訳しよう。

- **プロダクトの要件は絞り込もう。**機能やシステムを加えたくなるたび、「本当に必要か。もっと安くていい方法はないか」を自問しよう。

- **過去から学ぼう。**ほとんどのプロジェクトは、以前に似たプロダクトが似たトラブルを経験していて、そしてそこには何か理由がある。

- **ユーザーのプライバシーを尊重しよう。プロダクトはユーザーのためのサービスであって、作り手のためのものではない。**

第 6 章

カーム・テクノロジーのこれまでとこれから

　ゼロックス・パロアルト研究所は、ゼロックス社の研究開発部門として1970年に創設された。今では主にコピー機やプリンタの代名詞となっている「ゼロックス」の名だが、1970年代から90年代にかけてのパロアルト研究所は、従来とは異なる画期的なコンピューティングの研究拠点で、研究員たちはありとあらゆるタイプの技術デバイスに想像を膨らませていた。70年代にこの場所で生まれた革新的なイノベーションの数はまさに伝説的で、その中には近代的なグラフィック・ユーザー・インターフェースやオブジェクト指向プログラミング、デスクトップ・パブリッシング、ダグラス・エンゲルバートが発明し広く導入され始めたころのマウスなどがある。

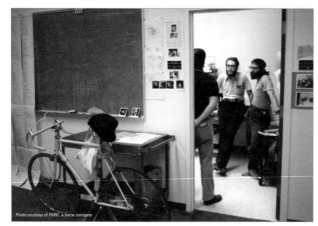

図6-1
開設から2年がたった1972年のパロアルト研究所の研究員たち。オフィスにはさまざまな分野の人間が集まり、コンピュータ全般に関する多様な考え方が受け入れられていた*1。

　私がこの本で主に扱ってきた内容は、パロアルト研究所の後年の歴史と重なる部分がある。そして当時の研究所で行われていた取り組みの真価は、今になってようやく明らかになりだしたところだ。1980年代、マーク・ワイザー、ジョン・シーリー・ブラウン、リッチ・ゴールドというパロアルト研究所の3人の研究員は、ワイザーが「パッド、タブ、ボード」と呼んだ無数のコンピュータが普通に暮らす人々と触れ合う未来を思い描き始めた。モバイル機器にまともな性能が備わるずっと前にそうしたことを始め、携帯電話やデジタルタブレット、双方向型の作業台などのきちんと機能するプロトタイプを考案し、使い方のベストプラクティスにまつわる体験を幅広く綴った。ごく小規模かつコントロールされた空間の中での体験談ではあったが、ユビキタスコンピューティングのある暮らしの生きた実例だった。

Skype以前のテレビ電話

　ゼロックス・パロアルト研究所が時代をはるかに先取りしていた無数のイノベーションの中で、とりわけ価値のあるものの1つに、映像を使った遠隔会議の

---

*1　パロアルト研究所の厚意により提供を受け、許可を得て掲載。

システムがある。1980年代後半、パロアルト研究所のエンジニアは、敷地内の各所を映像と音声のケーブルでつなぎ、次に離れた町の別の研究チームとのテレビ電話も実現した。これだけ早い時期にこうしたシステムを導入していたのもすごいが、同様に驚きなのが、使用する研究員たちのあいだに気楽で落ち着いた雰囲気があった点だ。

　SkypeやFaceTime、Google Hangoutsといった現代のチャットシステムの大半は、ある種の必要悪で、ユーザーに不安を抱かせる。カクつく映像に接続の不安定さ、音ずれ、わかりにくいインターフェースなどはまだ完全には解消されない。それでも全体には、映像付きで遠くの人とコミュニケーションが実現するメリットが難点を上回っている。しかし、ビデオチャットを「落ち着ける」体験と言える人はほとんどいないはずだ。

　ところがあらゆる意味で、パロアルト研究所のテレビ電話は実際に落ち着けた。とても安定していたからだ。接続は切れず、帯域の余裕は十分で、ユーザーは使い方を熟知していた。システムはいくつかのタスクに特化し、その仕事を見事にこなしていた。ユーザーがほんの数百人で、しかも全員がテクノロジー愛好家という環境を考えれば、ある意味でうまくいったのは当然と言える。それでも、成功の一因は制約があったからだ。パロアルト研究所では、あらゆるものが苦労して一から作られていた。絶対に必要なもの以外のテクノロジーはほとんどなく、頼りになる過去の財産も皆無という中、新しいツールやアプリケーションは一から作るのが当たり前だった。使えるリソースには限りがあったが、システム障害への耐性はあまり考えなくてもよかった。作っている人間が、頼っているシステムのコントロールをある程度は握っていたからだ。

　つまり、当時のパロアルト研究所のテクノロジーはリーンで、いくつかの目的に特化していた。マルチパラダイムで経済主導の現代社会とは正反対だ。先進的な世界だったが、今の我々が暮らす世界とは大きく異なっていた。1つの集団がひとつ屋根の下で研究に取り組むパロアルト研究所とは違い、現代社会では世界中のさまざまな会社が、さまざまなプログラミング言語を用いたテクノロジーをさまざまなレベルで使っている。各社が相反する枠組みを採用し、てんでばらばらなガイドラインやルールに従っている。エンジニア自身がテクノロジーを管理するのではなく、雇い主や、プロダクトを使ってお金を稼ぐ人間が方針を決めて

いることもある。使いやすさよりも機能の多さが重視され、過去を研究する人は
ほとんどいない。だから大半のテクノロジーが、日々の生活にどうフィットする
かという問題を掘り下げないまま、世に送り出される。

カーム・テクノロジーの始まり

　パロアルト研究所の研究員たちは、「一人一台のパーソナルコンピュータが普
及した後の人間と仕事、テクノロジーの関係そのものを再定義する」ことを目指
し、議論や実験を繰り返した。そしてそれをきっかけにして、マーク・ワイザー
が当時「ユビキタスコンピューティング」と呼び始めていた考え方が発展していっ
た。デジタルなやりとりに「人間らしさを持たせる」というテーマは今でこそ当
たり前だが、テクノロジーの人間化は当時まさに時代の最先端だった。1980年
代は、コンピュータの使用と言えば、世界初のユーザーに優しいPC向け表計算
ソフト、VisiCalc [図6-2] のような本格的なプログラムを動かす作業を指して
いた。コンピュータはビジネスで、コンピューティングの課題はスループットや
処理能力、最大効率といった機能面が中心だった。だから、コンピューティング
を「カーム」にし、日常生活へ自然に、さらには楽しく溶け込ませるなどという
考えは、ほとんどの人には思いも寄らないものだった。

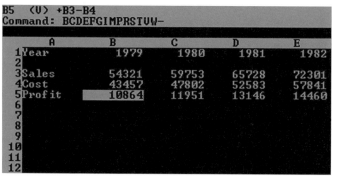

図6-2

Apple Ⅱで動作中の
VisiCalcのスクリー
ンショット＊2。

＊2　　画像はダン・ブリックリンの厚意により提供。

業界のほとんどが目の前のことだけ考えている中で、パロアルト研究所は、研究員が未来の問題を予測し、起こる前に解決することを求められる場所だった。そして、さまざまな面で機械の性能向上が進む中で、ワイザーとブラウンはテクノロジーの人間化、具体的には**テクノロジーによる人間らしさの喪失ではなく、テクノロジーによる「人間らしさの増幅」**という課題に取り組むことを決めた。どのような優れたインターフェースを用意すれば、ただ脳をうまく活用するだけでなく、吸収能力や反応速度を最大化して、人間の知能を強化できるのか？

　当時2人が働いていた環境を知ると、ワイザーとブラウンが何をやろうとしていたかも理解しやすくなる。当時のパロアルト研究所は、精力的であると同時に極めて実験的な場所だった。オフィスには自転車が置かれ、複数分野の専門知識を持つひげ面のオタクがラウンジのビーンバッグチェアに座り、テクノロジーの未来について悲観的にではなく、極めて楽観的かつ人間的に話し合っていた。

　彼らの座るビーンバッグチェアに、当時のパロアルト研究所が、テクノロジーの人間化に思いを馳せるには理想的な環境だった理由が集約されている。みんなで集まって未来を想像できる快適な空間というだけでなく、ビーンバッグチェアは静かで、同時にコミュニケーションを改善する強力なツールだった。話によれば、ビーンバッグチェアを置く前は、研究員たちが黒板に考えを書き殴っている相手をさえぎって議論をふっかけるから、アイデアを最後まで言い終えることはほとんどできず、険悪な雰囲気だったという。そこで当時のパロアルト研究所の中心人物だったアラン・ケイは、会議室の椅子を全部ビーンバッグチェアにしたいと思い、ボブ・テイラー所長と一緒に実行した。その結果、集まった人間が立ち上がって黒板までに行くのが少しだけ億劫になり、誰もがじっくり思索にふけり、考えを深められる空間が生まれた。ビーンバッグチェアは、問題のある行動が生じたときに直接的に邪魔するのではなく、エンジニアたちが少し待って思案できるようにさりげなく仕向けた。

　こうした環境に置いたビーンバッグチェアは、ある種のカーム・テクノロジーと言っていい。ビーンバッグチェアはテンポを変えた。普通の椅子ではなくそこに座ることで、みんなの行動のテンポが変わった。ゆっくり動く以外なくなった。

　テック系ライターのヴェンカテシュ・ラオは、組織のテンポを変える（*http://bit.ly/tempo-rao*）ことで、（クライアント向けのプレゼンテーションや、仕事の進め方、ラ

ンチの雰囲気などの）行動の中身やタイミングが変わると示唆している。テンポが変わるとグループをまたいだ社員同士の交流が活発になり、さらにタスクの難易度と仕事のペースがマッチすることで、考え方や作業が効率化するという。パロアルト研究所では、黒板の前にビーンバッグチェアを置いたことで、**職員のテンポが緩やかになり、考えるという仕事を別の形で進められるようになった**。研究員の頭の中で、思考やアイデアの流れがいっそうスムーズになり、まわりの同僚も、質問をしたり、あわてて意見に乗っかるよりも、まずは自分の考えをまとめるほうに集中したくなった。

　最高のブレイクスルーはたいてい、最高にクールなことを成し遂げたいというシンプルな欲求がもたらす。パロアルト研究所は、それを理解している人間が、幅広い視点で情熱的にプロジェクトに取り組む場所だった。ワイザー自身、ほかのシリコンバレーの技術者と一緒にシビア・タイヤ・ダメージというバンドを組み、みんなで協力して史上初となるライブのストリーミング配信を実現したことがある[3]（1994年には一度だけ、ローリング・ストーンズの「前座」を務めた）。ワイザーたちが使っていたMulticast Backboneというストリーミング配信のシステムは、デジタルメディアの世界に革命を起こし、やがてSpotifyやPandoraのような世界に広がるサービスとして結実する。

　こうした出来事は、他愛ない単発のエピソードに思えるかもしれないが、それでもワイザーとブラウンについて多くのことを物語っている。2人がよその技術者の基準からすれば規格外で、だからこそ1980年代中盤という時代に、今日にも通じる人とテクノロジーの交流という考え方を思いついた。彼らの仕事の大半には遊び心があり、実際に楽しかった。パロアルト研究所は優れた人材が集まる日常と非日常の境目で、当時の標準的なアプローチへのアンチテーゼとなる新しい発想を安心して生み出せる環境だった。

　ワイザーとブラウンは、2人でさまざまな研究プロジェクトを監督した。チームにとてつもないレベルの自由を与え、ソフトウェアとハードウェアの能力の限界を探らせる上司という評判を得た。さまざまな意味で、2人は何かを可能にす

---

[3]　『ニューヨーク・タイムズ』紙の記事「ローリング・ストーンズのライブのネット配信「小さいけれど大きな一歩」http://www.nytimes.com/1994/11/22/arts/rolling-stones-live-on-internet-both-a-big-deal-and-a-little-deal.html

る才に優れていた。遊び場を作り、部下には斬新で不可能に思えるものを作ることを求めた。2人と、2人が監督したチームの目標は、現実より先に未来を作り出し、それが広い世界に与える影響を検討することだった。

マーク・ワイザーはやがて、研究所のコンピュータサイエンスラボのリーダーとなり、2年後の1990年にはジョン・シーリー・ブラウンが所長に就任した。共通点の多い2人だった。どちらもミシガン大学でコンピュータ&コミュニケーションサイエンスの学位を取り、コンピューティングのシステムの変遷と、そうした変化の管理の仕方に強い関心を抱いていた。

1996年10月5日、発明と調査に明け暮れた数年間をへて、ワイザーとブラウンはコンピューティングのこれからに関する自説をまとめた論文「The Coming Age of Calm Technology（カーム・テクノロジーの新時代）」を発表する。テクノロジーの暮らしの中での役割について、彼らが非常に先進的な考えを持っていたことは、序盤の一節に一番よく表れている（強調は筆者）。

> 技術的な変化の大波は、テクノロジーの生活の中での立ち位置を根本的に変える。**重要なのはテクノロジーそのものではなく、テクノロジーと我々との関係だ。**

ワイザーとブラウンいわく、人間とテクノロジーとの情報のやりとりが穏やかになると、情報の絨毯爆撃がやみ、ユーザーは安心感を得る。優れたインタラクションデザインの下で行われる人とコンピュータの交流は、ユーザーの精神的な負担を最小限に抑えながら、目標達成の手助けをする。

> 履き心地のいい靴も、よく書けるペンも、日曜朝の『ニューヨーク・タイムズ』紙の配達も、テクノロジーを使っているという点では、デスクトップPCと大差ない。なのになぜ、最初の3つは人の心を落ち着かせ、逆にPCはいらつかせてばかりなのか。私たちは、人間の注意力の扱いに違いがあると信じている。

残念ながら、ワイザーとブラウンの論文では、読んだ人が従うべき原則は紹介

されておらず、カーム・テクノロジーを作り出すレシピ本ではなかった。それでも、カーム・テクノロジーの特徴は示されている。テクノロジーが穏やかになると何が起こるのか。2人が言うには、意識の周辺部に2つの変化が起こるという。

- カーム・テクノロジーは意識の周辺部に力を与える。

- 意識の周辺部に力を与えることで、カーム・テクノロジーは、ユーザーがメインの活動に集中したまま、コンピュータに足を引っ張られずに、複数のことを同時にできるようにする。

この本の目的は、ワイザーとブラウンが切り開いた分野に足を踏み入れ、カーム・テクノロジーを作り出すための細かい手引きとなることだ。

私たちはすでにコネクテッド・デバイスの時代に生きているが、頭のほうが穏やかなデバイスという考え方をできていない。洗濯機に関する記事を目にすることや、洗濯機をテーマにした会議に参加することはあまりないが、デバイスはすでにそこにある。それを動かすのは、世界初のユビキタスな技術である電気だ。電気は今では目に見えなくなり、ほかのテクノロジーを動かすという効果だけが確認できる。この先、コンピュータをはじめとするデバイスが目に見えなくなり、電気と同じようにメンテナンス不要になったら、どんな世界が訪れるのだろう？ワイザーとブラウンが思い描いていたテクノロジーは、人間の命を奪うのではなく、人間をよみがえらせ、不安ではなく喜びを与え、コミュニティを活性化し、人をもっと人間らしくするものだった。2人は、人間がテクノロジーに使われるのではなく、テクノロジーを使いこなす未来を思い描いていた。そこでは、人はテクノロジーを使って消費する以上のものを生み出し、そしてテクノロジーは人間に道を譲り、私たちを人生で一番大切なものとつなぎ直す。そう、私たちが人間らしさを取り戻し、ほかの人とつながる助けをするのだ。

テクノロジーを私たちとは相容れないものだと考えていては、人間の潜在能力は開花しない。テクノロジーは、人類が生み出した中で一番人間に近いものだ。人類と密接に絡み合った1つの生態系で、私たちが進化するのに併せてテクノロジーも進化してきた。人間とテクノロジーは、お互いがお互いを生み出し合い、

そしてその過程から得られる学びは多い。ガイ・ホフマンは、自分が作ったロボットのコミュニケーションを改善しただけで、人間を支配し、人間に代わって決定を下す機械を作ろうとはしなかった。そうやって生まれたテクノロジーは、ホフマンと一緒にオーケストラを組み、一緒にアドリブで演奏し、ホフマンと楽器とに交互に目を向けた。ホフマンは、ピクサーのショートフィルム『ルクソーJr.』のタイトルクレジットから、電気スタンドが動き出す30秒を観て、誰よりも深い愛着を家電に抱いたという。その理由は、電気スタンドの人間らしい「演技」にあった。

　カーム・テクノロジーの普及に向けた道のりはまだ長いが、今こそ人と相性のいい環境やシステムを構築し始めるべき時だ。いいものは残し、残りは改善する。個人や少人数でも、意欲さえあれば変化を起こすための長い道のりを踏破できる。だから、まずは**自分がこの世界で見てみたいと思うテクノロジーの変化を生み出していこう**。粘り強く取り組んでいれば、きっと努力は報われる。

　　ユビキタスコンピューティングは、私たちの精神を不必要な作業から解放
　　し、人間にとって永遠の課題とつなげる。その課題とは、宇宙の法則と、
　　その中に暮らす私たち自身を理解することだ。

——マーク・ワイザー　1996年

5年後のカーム・テクノロジー

　本書『カーム・テクノロジー』の原書が出版されてから5年。その間にインターネットとつながった無数のコネクテッド・デバイスが世に送り出され、その中には成功したものもあれば、うまくいかなかったものもある。

　まずは、穏やかな情報のやりとりという点で、大きく改善された部分をいくつか挙げよう。

- スマート家電の種類が増え、うるさいアラートをオフにしたり、音量やパターンを調節したりする選択肢が増えた。

- ロク社のストリーミングメディア端末は小型化が進んで場所を取らなくなった。また、リモコンだけではなくパソコンからも設定ができるようになり、直感的に作業を進めやすくなった。

- ネスト社は、大きな反響を呼んだサーモスタットでの直感的なインタラクションの流れを損なうことなく、商品ラインナップをカメラや警報システムにまで広げた。

- スクエア社は小規模ビジネス向けのPOSシステムを改善し、巨大だったレジの端末を小型化して、さらにネット販売とも上手にシステムを統合した。

　私自身、個人的に気に入っているデバイスはいくつもある。創業100年の鍵の老舗、シュレージ社が開発したスマートロックのラインナップもその1つだ。シュレージのシステムを導入すると、従来の鍵とシンプルなキーパッド、さらにスマートフォンのどれを使っても家の鍵を開けられるようになる。電池を替える必要が

あるときは明確に、しかしさりげなく事前に教えてくれるし、開け閉めの際も
ちゃんと警告がある。何より優れているのは、Wi-Fiや専用のアプリ、ネットワー
クにつながなくても動作し、暗証番号や従来の鍵でも開けられる点で、そこがイ
ンターネット接続や電力がないとまったく動かない無数の「スマートホーム」デバ
イスとは一線を画している。こうしたオフラインで動作する能力は、カーム・テ
クノロジーの重要な条件だ。

　しかし残念ながら、こうしたサクセスストーリーは数少ない例外でしかない。
コネクテッド・デバイスを含めたテクノロジーの多くはいまだに邪魔で、面倒く
さく、不安定だ。ニュースになった失敗例をいくつか挙げてみよう。

- ペットネットのウェブとつながった自動給餌機はサーバのエラーで動かなく
  なり、多くの犬や猫を空腹にして飼い主たちを激怒させた。

- ソノスは2019年、古い世代のスマートスピーカーのサポートを停止すると発
  表した。これによって、無数の人が備える音響システムが使い物にならなく
  なる可能性が生じている。

　もっと心配なのは、この5年で大型タッチスクリーンパネルを備えた自動車が
激増したことだ。今や多くの車種で標準となったこの「機能」は、カーム・テク
ノロジーの原則のほぼすべてに逆行している。意識の周辺部を活用していない
し、使用する文脈も把握できていない。触覚的なフィードバックはなく、視覚的
なヒントにほぼ頼り切りになっている。当然ながら運転に集中できない人が増
え、メーカー側も車間距離の警告機能や、車線検知用のセンサーといった技術的
な修正を施し*1、いっぱいいっぱいのドライバーが致命的な事故を起こさないよ
う配慮しなければいけなくなっている。

　そんなわけで、消費者が穏やかなやりとりの価値に気づき始めているのはうれ
しいが、テック企業へのカーム・テクノロジーの原則の浸透は遅々として進んで
いない。導入すれば、たくさんの人の生活を改善し、売上を増やせる可能性があ

---

*1　https://www.nytimes.com/2019/05/02/business/distracted-driving-technology.html?
searchResultPosition=18

るのに、だ。

　テクノロジーの静かさは、新しい差別化要因になる。現時点でも、身の回りに目を向ければ静かなミキサーや静かな家電があるし、高級車のメーカーは、自社の優れた消音システムを活用して静かなドライブを実現した車をずっと前から売り出している。ダイソンは、静音設計のドライヤーのようなブレイクスルー商品でブランドを築き、各種商品のより静かなバージョンの需要を増やしている。それでも、特にブロワーや大型トラック、医療機器の分野ではまだまだ課題が多い。

　悲しいことに、これがテクノロジー業界の現状だ。製作者が正しい方向を向いていないせいで、必要な改善が何年も見過ごされている。ゼロックス・パロアルト研究所の研究員たちが、カーム・テクノロジーの一貫した原則を最初にまとめてから30年以上がたつが、穏やかさを考慮するデザイナーはまだまだ少数派だ。そして、その流れは今後も変わりそうにない。いつか、カーム・テクノロジーが隅々まで行き渡る日は来るのだろうか。

　こうして成功例と失敗例の両方を見てみると、使用するテクノロジーの邪魔くささや使いにくさ、安定性のなさに気づく人や会社が増え、穏やかな体験を求める声が高まっているのは確かだ。しかし一方で、こうした無数の散発的な不満を、カーム・テクノロジーに対するまとまった需要に変える方法はまだはっきりしていない。

　1つ可能性があるとすれば、小さなテック系スタートアップが穏やかで画期的な新製品を作り出し、80年代のアップルのマッキントッシュのように熱烈なファンを生んで、名をあげることだろう。しかし業界の趨勢を変えようと思うなら、求められる役割はアップル以上に大きい。カーム・テクノロジーを採用することが生き残りに不可欠と言える状況まで、業界全体を牽引していく必要がある。

イノベーションに関する神話

　カーム・テクノロジーの原則がなかなか浸透しない現状を見ていると、テクノロジー全般の性質について語った未来科学者、ロイ・アマラの言葉を思い出す。

「人間は、テクノロジーの影響を短期的には過大評価し、長期的には過小
　　評価する。」

　過去を振り返ると、この言葉を実証する例がたくさん見つかる。たとえば地面
を掘って石油を採るなんていう考えは、何十年ものあいだ変人の妄想だと思われ
ていたが、掘削技術が登場すると、そこから40年で石油は世界のエネルギー源
の大半を占めるようになった。金持ちのおもちゃだった自動車は、T型フォード
が登場して組み立てラインが整備されると、個人の移動手段になった。1970年
代から存在はしていたインターネットは、ウェブブラウザが開発された90年代に
一気に浸透した。
　ところが最初はゆっくり、のちに加速というこのパターンは、たちの悪いマー
ケティング手法の温床にもなっている。イノベーションに関する神話を生み出し、
たいしたことのないプロダクトを売り込み、株価を押し上げるのに使われている
のだ。人工知能にブロックチェーン、音声対話技術、そしてモノのインターネッ
ト（IoT）といった近ごろ話題のテクノロジーは、どれもこの手法を活用している。
　消費者もビジネス界も人工知能の可能性に興奮し、人間の仕事を代行する存在
としてのAIに注目が集まっている。私たちは何十年も前から、人間と同じよう
におしゃべりできる機械のアシスタントや、自動でどこへでも連れて行ってくれ
る車を想像し、それこそが未来のあるべき姿だとほのめかしてきた。しかし現実
には、AIは人間の相棒として、私たちに協力し、人間の仕事を何倍もやりやす
くするものになる可能性のほうがずっと高い。AIはパターンの発見や異常の検知
といった特定のタスクは大得意だ。実際にネットを活用した検索やお勧め機能、
不正の検知、あるいは病気の診断といったシステムでは、すでにAIが広く採用
されている。しかしそうしたタスクも、AI単体ですべてをこなすことはできな
い。エッジケースへの対応、問題や人間のニーズの解釈、結果の通知といった仕
事は人間のほうが得意だから、人間が受け持つ必要がある。
　特に注意が必要なのが、有望とされる自動運転車だ。一部の人間は、人間が運
転する必要はまったくなくなり、車はゆったり座ってドライブを楽しめる空間に
生まれ変わるというような未来を描き出す。そうした未来はすぐそこまで来てい
るという声はだいぶ前から聞こえているが、そろそろもっと現実的な未来に目を

向けるべきだろう。つまり、自動運転は非常に便利ではあるが、あくまで人間との共同作業のシステムだという考え方だ。たとえば長距離トラックの運転手は、高速道路では自動運転のシステムに任せて仮眠を取り、道路が入り組んだ市街地が近づいたら目を覚ますというようなことも可能になるだろう。自動運転車の可能性の多くは、実際には列車やバス、バイク、あるいはそれらのスピードを上げるスマートインフラといった、現行テクノロジーの改良版と捉えたほうがいい。

　多くの人は、新しいテクノロジーが登場すれば古いものはすべて淘汰され、何もかもが自動化し、音声対話が可能になり、人工知能がなんでも代わりにやってくれるようになると思っている。しかし現実には、新技術はどれも現行の技術と場所を分け合わなくてはならず、人間も両者をうまく併用する必要がある。クレジットカードでの支払いやスマホでの支払いなど、オンライン決済が現金払いと共存しているのと同じことだ。

　根本的な問題は、人間のテクノロジーに対する反応が非常に感情的だということだ。私たちはかっこいいプロダクトや、おもしろいストーリーのネタに興奮する。SF作品や見事なデザインの「コンセプトカー」、あるいは「コンセプトハウス」にばかり目を向け、今あるものから類推しようとはしない。確かにSFには未来を思い描く役割があるが、十数秒のCMに出てくるよさそうなものは、現実世界にはほとんどフィットしないことを忘れてはならない。映画『マイノリティ・リポート』の中でトム・クルーズがコンピュータを操作するのに使うジェスチャーベースのインターフェースを、デザイン会議で参考に挙げる人は非常に多いが、現実には、手や腕を実際に動かしてコンピュータを操作する体験は、疲れるし、不正確だし、間違いなくうまく動作しない。

　音声対話のシステムも、こうした神話の犠牲者だ。人間同士で話しているのと同じように機械と話す場面は、アニメや『スター・トレック』、『ブレードランナー』といった映画でさまざまに描かれ、メーカーもこれ幸いとAlexaのような商品を売り込み、チャットボットを使う生活に慣れさせようとする。しかし現実には、音声補助システムを使う経験は、人間と話すのとはまったく違う。それでも、非常に革新的であることに変わりはないが。

トレンドvsシグナル

　どうして私たちは、こうした神話にすがりがちなのか。ヒントはいくつも転がっているのに、本当の未来を見つけるのがこれほど難しいのはなぜなのか。個人的には、「トレンド」と「シグナル」が見分けづらいのが一番大きな理由だと思っている。

　流行（トレンド）は、これから登場するとされる話題のテクノロジーを反映した盛り上がりで、追いかけやすい。たとえば2020年のCES（コンシューマー・エレクトロニクス・ショー）では、5G技術への関心の高まりを踏まえたプロダクトが数多く出品された。しかし関心に基づいたプロダクトやアプリは、必ずしも消費者のニーズを映したものではない。問題は、消費者やデベロッパーの5G熱が高まっている大きな要因が、5Gを使えば消費者の抱えている具体的な問題を解決できるからではなく、メディアや市場で話題になっているからにすぎない点にある。

　これに対して、兆候（シグナル）はずっとわかりにくく、たいていは規模の拡大や普及の可能性を秘めた小さくて局所的なイノベーションの形で表れる。シグナルは新商品のこともあれば、新しい手法や新しいマーケティング戦略、新方針、新技術のこともある。イベントや組織、最近わかってきた問題や状態の場合もある。たとえば気候変動のシグナルがファッション業界に与える影響を考えてみると、夏の服の嗜好が、温暖な国のファッションに寄っていく可能性が思い浮かぶだろう。

　先ほど挙げた神話は、すべてトレンドを反映したものだ。そして、何かのテクノロジーを取りあげたり、今話題になっている技術を祝福したりするのは何も悪いことではないが、そのやり方で未来をきちんと予測するのは難しい。

　アマラが警告したように、AI等の技術は最終的には私たちの暮らしを一変させるだろうが、その形は、私たちが今考えているようなものにはならない。人間に取って代わる技術はごくわずかで、SFが現実になることはないだろう。新技術の最大の影響は、その技術が誰も注目しないほど当たり前になるときまで、なかなかわからないものなのだ。

取って代わるのではなく、ともにあるテクノロジー

> 優れたツールは目に見えない。目に見えないから意識をしないで済み、
> ツールではなくタスクに集中できる。

—— マーク・ワイザー　1993年

『カーム・テクノロジー』の初版出版後、ありがたいことにマーク・ワイザーの
友人で、カーム・インタラクションのパイオニアであるジョン・シーリー・ブラ
ウンと会う機会に恵まれた。

ブラウンは、杖をついた目の見えない男性を見て、人間と世界とのやりとりに
ついて思うところがあったと言っていた。杖は使いこなしている人にとっては一
種の感覚器官で、知覚は杖の先にまで延び、地面を「見る」ことができる。情報
を受け取り、聴覚や触覚と同じ速さで脳に伝える肉体の延長になっている。

「通り過ぎるテクノロジー」という考え方は、驚くほどたくさんのプロダクト
に適用できる。たとえば人間は靴と対話することはないが、靴を経由して世界と
対話する。窓もそうだ。

普段は意識しないが、こうした物も当然テクノロジーだ。この世界でもっとう
まく立ち回れるよう、人間が作り出したものはすべてテクノロジーだ。鉛筆を
使ったスケッチでも、箸を使った食事でも、ほぼすべての「人間」の活動にテク
ノロジーが関わっている。逆に「自動化」した活動は、自動的な動きに必要なパ
ラメーター設定を含めて、すべて人間の手を必要とする。

パススルー体験をもたらすテクノロジーをデザインできる点が、カーム・イン
タラクションの最大のウリだ。

一方で新技術の多くは、少なくともしばらくはパススルー可能にはならないだ
ろう。電気が体の一部、検索エンジンが知覚の1つになった近未来は想像しづら
い。だからこの種のテクノロジーは、一番穏やかなものが人間の「味方」になる
と考えるべきだ。

テクノロジー業界に帝国を築いたGoogleの検索エンジンについて考えてみよ
う。Google検索の手順は、ウェブスパイダーや巨大なデータセンター、最先端
のランク付けアルゴリズムなどの信じられないほど複雑なシステムで成り立って

いて、そしてそれは長年の進化と調整のたまものだ。それでもユーザーの体験は、検索したい言葉を打ち込んで結果の一覧を受け取るというごくシンプルなものだ。複雑な部分はユーザーにとってはどうでもいいことだから、舞台裏に隠されている。それでもユーザーは体験を思い通りにコントロールしていて、検索するタイミングも、内容も、結果のどれをクリックするかも自分で決められる。

あらゆるテクノロジーがパススルー可能になったらどれほどすばらしいことか。どんな技術も直感的に扱うことができ、生活に深く組み込まれているから、自分の延長のように感じられる。しかし実際には、ほとんどのテクノロジーは複雑で、人間にはまだ馴染みが薄いから、「人の味方」モデルのほうが現実味がある。だからこそ、味方だと感じられるテクノロジーをデザインする最高の方法を考えることが大切になる。

味方として振る舞うテクノロジーは、人間の居場所を奪うのではなく、人間のそばで機能する。この違いは大きい。テクノロジーが今後受け持つ仕事の範囲が限定されるからだ。自動的なプロダクトは、人の味方という点では付き合いやすくも、付き合いにくくもある。完全自律型である点は扱いが楽だが、人間らしいコミュニケーションが求められる点は難しい。

最強のチェス選手を倒せるコンピュータを作り出そうと、専門分野の科学者たちが長年苦闘を続けてきたが、その過程には、人間の味方と呼べるテクノロジーの可能性と課題がよく表れている。1997年にIBMのスーパーコンピュータ「ディープ・ブルー」に敗れたチェスのグランドマスター、ガルリ・カスパロフは、判断のサポートをするコンピュータを対戦中に使っていいなら、普通の選手でも、自分やディープ・ブルーに勝てると指摘した。「普通の性能のコンピュータと、強力なプロセスを備えた弱い選手で構わない。最高のマシンを携えた強豪選手である必要はないんだ」

「人間vs機械」の対立の構図ばかりを強調すると、「人間＋機械」の大きなポテンシャルを見過ごしてしまう。確率の計算や、異なる動きのモデル構築などは機械のほうがはるかに得意な一方で、人間にはクリエイティブで柔軟な思考がある。そして両者が力を合わせれば、スマートフォンの無料チェスアプリを使う弱小選手でも、ほぼ無敵になれる。

こうした人間と人間以外とを組み合わせた超強力な存在を、カスパロフは「ケ

ンタウルス」と呼んだ。ケンタウルスのすごさは、人工知能を活用した現行のアプリを見てもよくわかる。銀行はAIを使ってクレジットカード詐欺を特定し、人間の捜査員に注意を促す。

　人間と機械のコンビを「ケンタウルス」や「味方」よりもっと正確に表現するため、テクノロジーを人間の伴侶種（コンパニオン）と呼べる別の種だとみなすべきだという考え方がある。論文「サイボーグ宣言」の著者でもある提唱者のダナ・ハラウェイは、世界を人間と動物、自然が「伴侶種」としてお互いに寄り添いながら生きる場所だと考えている。「伴侶種は、自分を犠牲にして相手を助ける。それぞれがそれぞれの血肉なのだ」

　人間の伴侶種としては、ペットであり、助手でもある犬が最もなじみ深いが、ハラウェイはテクノロジーも人間の伴侶になりうると考えている。ハラウェイは、テクノロジーは「サイボーグ的存在で、種族間の関係が重要な意味を持つこの世界では、よちよち歩きの子どもでしかない」と話し、人間との関係はまだ生まれたばかりの発展途上のものだと示唆しているが、身の回りのテクノロジーは進化と変化を続け、関係は急速に深まっている。

　ポケットサイズのバーチャルペット「たまごっち」があれだけ人気を集め、愛された何よりの理由は、たまごっちがか弱い存在で、持ち主が餌をあげたり、お風呂に入れたり、気を遣ってやったりと、その時々の状況に応じて世話をしてやらないといけないからだ。ロボット掃除機のルンバは完璧ではないところがかわいく、たまに動けなくなって助けを求めてくる。

　スマートフォンは、伴侶種の1つと考えられる。スマートフォンは泣き声をあげ、手に取ってやらないといけない。夜はコンセントにつないで餌をあげないといけない。更新や保護、メンテナンスの必要がある代わりに、情報やインターネット接続、エンターテインメントを提供してくれる。人間と一緒に成長し、人間のニーズに自分を合わせ、一方で人間もデバイスのニーズに合わせられるようになっている。

　伴侶の例えが便利なのは、そう考えると人間とテクノロジーとの関係のあるべき姿が見えてくるからだ。私たちは、犬に人間と同じ行動を期待しない。犬は犬という種であり、犬なりの能力と弱点、ニーズがあることをわかっている。それと同じく、ハンマーやナイフから、初期の自動化技術や最新の「人工知能」まで、

人間が作り出した幅広いテクノロジーに人間と同じ行動を期待してはいけない。犬（あるいは馬や伝書鳩）と同じように、テクノロジーは私たちのそばで、人間の能力を拡張する。大工は金づちを使って仕事をする。優れたデザイナーは、自然の中を散歩してインスピレーションを手に入れ、食事をとり、人によっては紙にアイデアを書き出してから、コンピュータでアイデアを処理し、発展させる。

　私は人間がテクノロジーと伴侶になり、ベビーシッターではなく、同僚として一緒に働けるようになると信じている。しかも、テクノロジーを生み出した既存の人間の文化を損なわず、そうした未来を実現できるはずだ。

　その1つのカギとして、私たちはテクノロジーに仕事を任せきりにしないことの尊さを理解するべきだ。簡単で早いことが常に優れているとは限らない。複雑な物理的タスクを見事にこなす力は、人間の本質とも言える確かな勲章であり、幸せを感じるのに不可欠な「フロー状態」に導く。そのことは、モーターを連動させたり、物質的な環境を正確に測定したりといった作業を巧みにこなしている配管工や建具職人、施工事業者などの仕事を見ればよくわかる。しかし、最新の自動機械を使って築40年の家の電気の配線を考え直している作業員は、今はまだテクノロジーをツールとして、そばにあるものとして使っている。人間はそうやって、テクノロジーと一緒に進化してきたのだ。

日本から得る学び　カーム・テクノロジーとカーム・デザイン

　私の子ども時代、両親には日本の友人が何人かいて、ときどき実家を訪ねてくることがあった。彼らの話は、私にとってはじめての日本文化体験であり、そしていろいろな意味で、カーム・テクノロジーの原則につながる考えが芽生えるきっかけになった。

　そうした会話をし、その後何度も日本を訪れる中で、私は日本の文化、特にここ数十年の文化に、カーム・インタラクションという考え方が根付いていることを実感していった。日本は1980年代以降、他国に先駆けて自動化を進めてきた。最近で言えば、少子高齢化に伴う労働者の賃金の上昇と、働き手の不足が自動化を推進する大きな要因になっているが、導入の仕方は小規模だから、たくさんの人が一気に仕事を失うことはない。日本では、ほとんどありとあらゆる食べ物や

物品が自動販売機で買える。食べ物屋には食券の券売機があり、回転寿司のように料理がベルトで運ばれてくるシステムもある。工場は他国とは比べものにならないほど自動化が進んでいる。人間のスタッフを減らせるよう、タッチスクリーンやロボットをうまく活用しているサービスもたくさんある。

　こうしたことが、多くのものづくりの技術に500〜1000年の歴史がある伝統国で起こっている。テクノロジー先進国の中で日本が特別なのは、自動化技術とものづくりの伝統技術の両方を大切にしているからだ。両者は相容れないと評されることが多いが、日本社会を見ていると、実はそうではないことがわかる。実際、熟練した人間の技術と最新のテクノロジーとのバランスという課題を、日本はお手本のように軽々と解決している。

　その1つが、おもてなしの精神を機械にも適用しようという考え方だ。とある記事によれば、「おもてなしとは相手への思いやりや配慮を指し、そうした姿勢を持つことで、相手のニーズを察知して、自分の行動をそれに合わせられるようになる」という*2。「客に温かいおしぼりを出すといった小さな配慮は、おもてなしの心に根ざしていて、日本のカスタマーサービスが世界で高く評価される理由になっている」。典型例が茶道で、茶の湯では亭主がきめ細やかな配慮をしながら、客ひとりひとりに美しいお茶を点てる。

　テクノロジーは行動の予測がつきにくく、理解しがたく、使うのはフラストレーションがたまる。だからこそ、自動化が進む現代社会では、カスタマーサービスの重要性が増していることを、日本はどの国よりも理解している。システマチックな思考とおもてなしの文化を併用しているから、複雑なコンピュータとのインタラクション、特にやりとりが失敗する場面において人間味を持たせている。自動化した端末を配置してそれでおしまいにするのではなく、成功と失敗のシステム全体を考慮しているのだ。

　自動化が進めば、素人がテクノロジーを理解して修理しなければならない場面も増えるから、やりとりの失敗はどんどん大きな課題になっていく。私が訪れた日本の鉄道の駅は、どこも自動券売機と自動改札が導入されていたが、同時に何か問題が起こったときのために駅員も常駐していた。駅員が券売機の隣の壁から

＊2　https://www.japantimes.co.jp/opinion/2018/09/11/commentary/japan-commentary/omotenashi-underlies-japans-low-economic-productivity/#.Xqt2lqj7SUl

出てきて対応することもよくある。こうしたフェイルセーフが用意されているのは、チケット販売が今も非常に重要で、細心の注意を払うべきタスクだからだ。

　機械を補助するスタッフがいない場面でも、おもてなしの精神は日本のさまざまなデザインに繁栄されている。何年も前に使った成田空港のトランジットでは、エスカレーターに乗せることができ、なおかつ荷物がひっくり返るのを防ぐストッパーの付いたカートに驚いた。機械工学的に優れたデザインというだけでなく、西欧の空港ではありえないレベルの配慮がなされていた。きっとデザイナーは、カートをエレベーターまで押していくのはひどく手間だと考え、体験を少しだけ楽にする新製品のデザインに価値を見いだしたのだろう。ほかにも日本で生み出されたカーム・テクノジーの実例を2つほど、以下で挙げたい。

日本のカーム・テクノロジー実例1：
mui

　2018年、私は日本のスタートアップ企業で、カーム・テクノロジーの原則が根付いたmui Labの創業者から連絡を受けた。彼らはシリコンバレーのスタートアップのような企業を作るのではなく、自動化に対する日本的な考え方と、新しい消費者向けテクノロジーとを融合させた唯一無二の会社を作ろうとしていた。

　京都に拠点を置くmui Labは、伝統的な家具作りの考えを取り入れたモノのインターネット（IoT）企業で、有機的な美やスタイルを家庭用のコネクテッド・デバイスに組み込むことを目指している。だから部品は国外から取り寄せるが、製作や製造は京都で続けている。日本家屋に息づく思想や美観を再認識し、そのエッセンスを近代的なデバイスに採り入れるためだ。

　そうした考えがあるから、伝統的な家具作りを学んだメンバーと、ITやソフトウェアなどの情報技術を学んだメンバーの両方と関係を築き、最終目標としては、伝統技術とともにIoT家具を作り上げられる複合人材を擁することを目指す。

　mui Labを代表するプロダクトは、使っていないときはただの木の板もしくは壁掛け家具に見える木製のパネル「mui」で、木の表面に手で触れると電源が入ってニュースや天気、家に関する情報が表示される。対話やメッセージの送受信、部屋の明かりやサーモスタットなどのスマート家電の操作もできる。タスクが終わると表示は消え、パネルはまた家の一部として木の板に戻る。スマートフォン

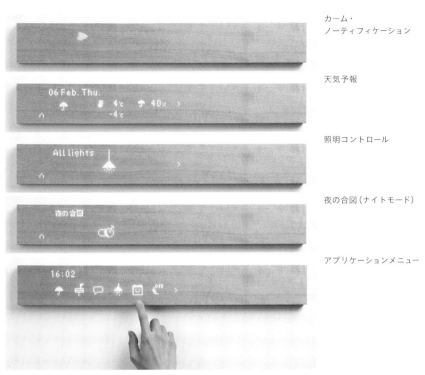

カーム・
ノーティフィケーション

天気予報

照明コントロール

夜の合図（ナイトモード）

アプリケーションメニュー

muiのインターフェース例

muiを使っている一家

カーム・テクノロジーとmuiのある静かな暮らし

のように常に注意を引こうとはしない繊細なデザインで、落ち着いた邪魔にならないデジタル環境を生み出しているから、ユーザーはその中で家族と上質な時間を楽しめる。

　mui製品には、カーム・テクノロジーの原則のいくつかが明確に表現されている。伝えるべき事柄があるときしかコミュニケーションを求めず、目的を達成するのに最小限のテクノロジーを使い、自然の素材を尊重しながら穏やかに情報を提示する。どれも人と自然の調和や、自然の素材と最先端のテクノロジーに対する理解という、日本の伝統に倣ったものだ。製品は2019年と2020年のCESで賞を取っている。

日本のカーム・テクノロジー実例２：
パナソニックのアシストスーツAWN-03

　現在、多くの企業が開発しているパワーアシストスーツだが、活用場面は今も限定的だ。たとえばフォード社の「EksoVest」は、工場の作業員のパワーやスタミナを上げるための製品で、燃料パイプをまとめたり、リベットを打ったりする作業の能力を高める。

　一方でパナソニックのアシストスーツのシリーズは、体が思うように動かず、けがのリスクが大きい年配の作業員を念頭に置いている。たとえばAWN-03は、物を持ち上げる作業員の腰を支え、ぎっくり腰を防ぐことで、経験豊富なベテラン作業員が長く働けるようにしている。

　スーツのデザインも、両者のまったく異なる哲学を映している。EksoVestはごつい見た目の黒っぽいスーツで、装着すると軍隊のように見えるのに対し、AWN-03は明るい色のシンプルな形状で、もっと有機的な印象がある。着脱もずっと簡単で、バッテリー残量もわかりやすく、使わないときは小さく折りたたんでしまえる。持ち上げる力を高めるという点だけならEksoVestに分があるが、使用者を選ばないのは明らかにパナソニック製品だ。

　両製品に息づく文化の差は一目瞭然だ。アメリカの文化は個人主義、成果主義的で、能力に重きを置き、ツールを筋力などの個人能力を高めるものと見なしがちだ。日本文化も能力を尊重しないわけではないが、集団の文脈や、能力が社会にもたらす恩恵を見ている。そうした価値観だから、たくさんの人が使えるデバイスのほうが高く評価されるし、年長者や経験豊富な人材を敬う日本の文化もこの傾向を後押しする。おそらくだからこそ、ベテラン作業員の現役の時間を延ばすスーツのほうが、個人の能力を高めるスーツよりも価値があるとみなされているのだろう。

　こうした文化はどこからともなく生じたものではない。日本は世界有数の高齢化社会で、年長者が退職すると代わりの若手を見つけるのは簡単ではない。だから年を重ねていく労働者をサポートし、長く働いてもらう取り組みには、国としても、個人としてもメリットがある。労働力の柔軟性も増すし、業界によっては生産性の高い若手が主導権を握ることで、世代交代も進むかもしれない。また日本は世界最長寿国の１つだから、シニアの雇用継続は退職後の孤立や孤独といっ

た問題の対策にもなる。

　国民の高齢化に伴う問題は世界規模で起こっていて、多くの面で、世界のほとんどの国が日本の状況に日々近づいている。世界が年齢を重ね、裕福になり、テクノロジーの役割の拡大を歓迎しているなかで、日本は一部の人間のためではない、みんなのためのテクノロジーの使い方のヒントをくれる。

終わりに

　成功例も、失敗例も含めたこうした実例を見ていくと、世界がもっと穏やかな場所になるまでの道のりは、まだまだ遠いことがよくわかる。それでも、軌道修正に必要なリソースは豊富に出揃っている。私たちの眼前にある主な課題は、ベストプラクティスを見つけ出してほかの製品やサービスにも応用することだ。

　シュレージのスマートロックやスクエアのカードリーダー、muiのホームインターフェースといったプロダクトは、テクノロジーの力で人間をもっと人間らしくするという仕事を見事にこなしている。作業の流れにスムーズにはまり、やりたいと思っていることをやる力を人間に与え、タスクが終われば背景に溶け込む。また視点を変えれば、こうしたプロダクトがどれも「伴侶種」に当てはまるのは明らかだ。どれも人間のように行動したり、人間の活躍の場を奪ったりしようとはせず、ツールなしでは非常に難しい作業をこなせるようにする。

　「まずはお手本を見てまねをすべし」の原則は、文化にも当てはまる。日本はテクノロジーの生かし方の多くの面で先頭を走っている。職人技や細部へのこだわりという長年の伝統に、高齢化に伴う労働力不足が相まって、半ば強制的に、他国が導入し始めたばかりのテクノロジーが生活にある程度まで組み込まれている。日本のデザイナーにとっては、そのことが誇りと専門知識の源になっているはずだ。そして高齢化と自動化が進む世界での暮らし方について、私たちが日本から得られる教訓は多い。

　さらに視点を広げれば、そのことは、異文化交流がインタラクション・デザインに対して持つ絶大なポテンシャルも表している。アメリカでは、シリコンバレーのデザイナーやテック系企業の力でテクノロジー業界の存在感が高まっているが、それにはデメリットもあって、ほかの国や地域の解決策にも目を向けよう

という姿勢が薄れている。さまざまなツールには、それぞれの文化に紐づいて少しずつ異なる使い方があり、それは新たなアイデアやアプローチを生み出す源になる。まだ誰も解決できていないインターフェースの課題に出くわしたなら、自分の身の回りだけではなく、もっと遠くへ目を向けるのもいいだろう。

2020年、アンバー・ケース

「佇まい」のデザイン

mui Lab

人とテクノロジーの関係

　ほとんどの人が常にインターネットに繋がった状態で暮らしている現代は、誰もがデジタルデバイスを持ち、ソーシャルネットワークでは友人と、チャットツールやオンラインビデオ会議では仕事関係の人といつでも否応なしに繋がれるようになっています。また、AlexaやSiriといったボイスUIが常にユーザーの傍にあり、私たちはこうしたサービスのおかげでいつでも欲しい情報を手早く得ることができます。更には、カレンダーに登録した予定から目的地までの渋滞情報を（こちらが頼まずとも）勝手に知らせてくれるなど、AIエージェントが先回りして情報を提供してくれるようなことがもはや"当たり前"になっているほどです。

　これらのデジタル体験を見てみると、コンピュータと人間のインターフェースは、近年では主にディスプレイ画面や音声などの出力装置と、キーボードやタッチパネルなどの入力装置で構成されてきたことがわかります。これは、グラフィカルユーザインタフェース（GUI）が大変に使いやすい偉大な発明であったからであり、またソフトウェアの設計や実装が行いやすい方式であったこともその理由の１つでしょう。

　2000年代以降、スマートフォンが浸透し、IoTデバイスも急速に増えましたが、私たちが望んでいた情報との関わりかたは、皆が首を曲げてスマホを見ている今の社会とは違うのではないかと感じるようになりました。それは、成熟していくテクノロジーと人との接点が、掛け違えたボタンのようになってしまっている違和感です。人が暮らす空間におけるテクノロジーの扱い方には、その出身地であるシリコンバレーの西洋文化とは違った、日本ならではの暮らしや趣を重んじる感性を取り入れる方法もあるのではないか、そんな疑問から私たちは、mui Labをスタートさせました。

日本の伝統や文化を汲んだ「無為自然」のアプローチ

　mui Labは、人とテクノロジーの新しい関係性を考えるスタートアップです。老子の謂う「無為自然」からインスピレーションを得、「作為的ではなく無為自然に佇む姿勢」と解釈し、人間の暮らしの中において、無為に存在するテクノロジーの存在、ひいては人間が自然を享受し、コントロールするのではなく共生できる暮らしのあり方を助長するテクノロジーの存在を希求し、プロダクトのデザインやそのコンセプトを通じて体現しています。そして私たちの軸となるこの考え方は、本書の主題とする「カーム・テクノロジー」の概念と強く通じるものがあると考えています。

　私たちは、京都・御所南の400年程の歴史を持つ家具と建具の通りである夷川通に事務所を構え、現代版の職人さながら、エンジニアとデザイナーが集う工房的な空間で働いています。これは京都の伝統とコミュニティに触れながら、土地の空気感を吸収して、プロダクトに影響を及ぼせるような取り組みの1つです。

　工房は、建築家の伊藤維により町屋式の奥に長い「うなぎの寝床」と言われる

mui Labの在る京都家具の夷川通りの佇まい

建築を現代的にデザインし直したもので、伝統的な日本間を仕切る障子を彷彿とするような引き戸や、茶室と呼ばれるおもてなしの空間を配置し、関わる人の度合いにより空間のアレンジ方法を変化させることができます。こういった日本ならではの建築表現が施された空間は、私たちmui Labの重要視する「佇まい」を具現化したアプローチでもあります。「佇まい」へのアプローチは、この本で紹介された「カーム・テクノロジーの基本原則」の考え方に非常に近いものを持ちながらも、より日本の伝統文化が色濃く反映されたものとなっています。

「佇まい」は、「人」のみならず、空間に置かれる「モノ」、またそのモノと関わる人の姿や関わる場所、さらにはその場所の周辺環境、「関わる人から醸し出される気配」など、関わりの周辺を拡大して考えることができます。

まず、私たち日本人の暮らしについて見てみましょう。人間は、主に建築空間の中で生活をしています。その中で人々は、気候や方角などを目安に家具のレイアウトを決めたり、屋外の様子を周辺視野で伺い知れるように居場所を整えたりするでしょう。また、外界との繋がりが強い日本の住宅では、より住環境の中に外の情報が「気配」として埋め込まれるようデザインされているのではないでしょうか。

代表的な例としては障子があります。外界と屋内のフィルターとして働き、人の細かな動きはぼかすことで気が散ったりうるさくなりすぎたりしないようにし、それでいて外の様子を知りたいときや急な天候の変化の際にはすぐに気付くことができます。障子に落ちた庭木の影の動きから風を感じたり、ふっと暗くなったところから太陽の光が陰り曇ってきたことを感じたりすることがあるでしょう。これは、「カーム・テクノロジーの基本原則」の8項目すべてを満たしているとも言える好例です。

また、止め石(関守石)も、情報提示の仕方としてはおもしろい例でしょう。止め石とは、日本庭園などで立入禁止や岐路での正しい進路を示すために使われる、丸い石に棕櫚縄をかけたものです。こぶし程度の小さな石なので、立て看板のように目立つものとは異なり、庭園の景観を害しません。それでいて、「こちらには進まないでくださいね」という情報を伝えたい相手である歩行者は、すぐに気付くことができます。止め石を超えて進んでいくことも物理的には可能ですが、その静かな佇まいと止め石がまとう緊張感から、穏やかに行動を促します。

立ち入り禁止を意図する「止め石」
(wikipedia https://ja.wikipedia.org/
wiki/止め石 より(CC BY-SA 3.0))

　モノがデバイス化されていくことによって、テクノロジーと人との関わりが日常風景になりつつある現在においては、パソコンやスマートフォンなどの画面内やボイスエージェントとの一対一のやりとりでのインタラクション設計にのみ注意を置くのではなく、このように周辺環境（モノの置かれている空間、人がそこにいることの背景、その環境で人々がとり得る所作など）を考慮し、インタラクションをデザインすることが、空気を読むこと、間合いを読むことなど、「佇まい」に気を使ってきた日本らしい観点だと考えています。つまり、そこに流れる時間や人々の物語を愛おしむテクノロジーのあり方を提示することが、私たちmui Labが世界へ提示できる価値だと考えているのです。

　「一人一台のデバイス」の時代から、「デバイスに共有される時代」に知らず知らずのうちに突入していく中、2020年は250億個ものデバイスがインターネットに繋がると言われています。これは人間の数「77億人」(2019年、国連調べ) を大きく超えた数です。この現象は、便利さを追求するマーケティングによってインダストリーが産み出した結果、という見方もできるかと思いますが、もう1つの視点として、デザイナーやエンジニア、企業が、人のウェルビーイングを想い、生産活動につなげた結果でもあると考えることができます。ただ現時点においては、作り手側それぞれの異なる考えや思想で生産活動が行われているため、多く

のプロダクトやサービスは、ユーザーにとって真のウェルビーイングが担保されたものにはなり得ていません。コンピューティングをユーザーにとって最適なものにし、人々の幸福感や充足感へつなげるために、今改めて「カーム・テクノロジー」という設計指針が必要なのではないかと考えます。

　ここで、「カーム・テクノロジーの基本原則」の文脈も満たしながらも、mui Lab独自の思想を反映した「mui design principles」をご紹介します。mui design principlesでは、私たちが心地よいと感じる生活空間、それを邪魔することなく、現代に生きる上で必要な情報技術をどうやって取り込む事ができるかの指針となる考え方を表現しています。まだ発展途上であり、これからもアップデートを行ってゆく原則ではありますが、現時点での私たちの考え方を表したものです。

mui design principles

1. **Inspire calm moments**
   穏やかな幸せをもたらすもの
   muiとの戯れは、喜びをもたらし、前向きな気持ちを促す。

2. **Value simplicity over complexity**
   必要最小限である
   必要最小限の情報を提供し、ユーザーの手を煩わせない。

3. **Be humble**
   主張せず控えめである
   ユーザーが情報を必要としない限りは静かに佇む。
   お役立ち者でありながら邪魔にならない謙虚者。

4. **Harmonize**
   置かれた環境と調和する
   周りの環境と調和し、美しい雰囲気を醸成する。

5. **Integrate seamlessly**
   溶け込み馴染むもの
   システムどうしの継ぎ目を溶け込ませ馴染ませることで、ユーザーに寄り添う。

6. **Design with the truth of nature**
   自然の理に従ったデザイン・アプローチ
   無作為な自然の持つ古びの美、滅びの美である侘び寂びを賞賛する。

私たちは、前述したような「人の幸福感（ウェルビーイング）につながることができる技術のあり方」を考える際、改めて「佇まい」が1つのヒントになるのではないかと考え、このアプローチを現代のソフトウェア技術、コンピューティングに取り込むことを意識しています。これは自社製品のみならず、クライアントとのプロジェクトについても同様です。

カーム・テクノロジーの実践と反応

　自社プロジェクトにおけるカーム・テクノロジーの実践については、p174でアンバー・ケースが先に紹介したプロダクト「mui」がその1つです。アンバーは、「全てのデバイス開発は人間らしいカイロス時間を持てるようにフォーカスするべきである。人間らしい時間を送っているときにデバイスから通知がきたらクロノス時間に戻されてしまう。人の目に触れないテクノロジーこそ、最良のカーム・テクノロジーである」と主張しています。「mui」は表示が消えているときが主役です。空間における余白、周囲との調和。私たちは、「mui」がオフラインであるときの不完全さを「侘び」、「mui」が人と共にあるときの流れを「寂び」と考えています。

　京町家などの伝統的な日本家屋には床の間があり、人々はそこに軸を掛け、季節の花を生けてきました。それは周囲の空間と調和しつつ暮らしに余白を生み出し、そこに暮らしの豊かさを見てきたのです。「mui」はその豊かさをテクノロジーとともに現代に演出しています。

　またもう1つ、2019年のミラノ・サローネで初出したワコムとの共同開発プロジェクトである「柱の記憶：Height Marking in Wood」は、テクノロジーが人の日常に編み込まれるように共存する瞬間（モーメント）を、未来像の1つとして提案しているプロジェクトです。

　「柱の記憶」では、ワコムのデジタルペンで、「mui」の内蔵された「柱」に成長していく子供の身長を刻むと、刻印した線が「柱」上に、木を透過したLEDの光で示されます。次に、クラウドを介して接続された「衣装箱」の表面に計測した身長がcm単位の数値で浮かび上がります。

　柱に刻まれた光の線は、クラウドに記録された後に消え、箱に映し出された数値も消えます。「柱」も「衣装箱」も「デジタルペン」も再び、日常のオブジェク

ワコムとの共同開発プロジェクト「柱の記憶：Height Marking in Wood」

柱に線を書くと、測定数値が「衣装箱」に表示される

トとして生活空間に「佇み」ます。記録された子供の身長は、高さを表示した「衣装箱」に記憶と共にしまわれます。身長をマークするだけでなく、「落書き」や「メッセージ」を記すこともでき、また、これらを呼び出すこともできます。「衣装箱」を再び触れると表面に時計が表示され、ここに時計の長針、短針を指またはペンでなぞり時間を特定することで、その時刻に刻まれた過去の身長が光の線として再び「柱」に表示され、記憶が呼び起こされるような設計がなされています。

　テクノロジーを嚙ませることで、いつでも引き出せるデータが未来と過去を繫ぐことを可能にしますが、これらのテクノロジーの気配が消えた後は、日常の家族のための空間に戻します。

　家族の団欒や家族にとっての大切な時（モーメント）を、テクノロジーの“強い”佇まいで乱すことなく、ハレとケで言うところの「ケ」［ハレ（晴れ、霽れ）は儀礼や祭、年中行事などの「非日常」、ケ（褻）は普段の生活である「日常」を表す］に近い考え方で、テクノロジーとの間に距離を保ちながら、共存できる姿を目指しています。それが私たちの目指す「無為自然」な姿の１つの方向でもあります。

　ワコムの代表取締役である井出信孝氏は、「ライフ・ロング・インク」というワコムのビジョンの実現のために様々なアプローチをとる中、「柱の記憶」の協業プロジェクトを通じて、グローバル全社のコミュニティの方向性をヴィジョン化することができたと話されています。デジタルペンは、通常クリエーター向けの「道具」として、高解像度、高精度など、機能の充実を図るものでなければなりません。ユーザーにとって、機能性へのストレスがフリーで、創作に集中できるような技術の仕上げを目指しています。つまり、ワコム自身は道具としての存在を消すことが大義です。一方、「ライフ・ロング・インク」というコンセプトを通じて実現したいことは、機能性を超えた次元で、いかにユーザー、人に寄り添えるかです。それは、井出氏が、「時空を超えて人の文脈を捉えること」がデジタルペンの使命だと常々感じていたことから起因しています。

　「柱の記憶」は低解像度であり、機能としても、利便性というより、伝統的な習慣行動に絞った単純なものに過ぎません。しかし、人の暮らしの営みの瞬間（モーメント）に秘められた真髄が、テクノロジーによって照らし出され、人が意識することなくその価値を生活の一部として受け取っている点、つまり、明かりのスイッチのように、存在していなかったらとても不便にもかかわらず、普段は「存

在すら感じられずにその価値を享受されている」という観点に、本来のテクノロジーのあるべき姿を再認識されたのだと思います。

「柱の記憶」で提示している体験は、時空を超えて存在する恒久的なテーマであり、さらに今後も発展していくであろうテクノロジーとの共生の姿を垣間見られる機会となったと話されています。井出氏は今後も、「a drop of ink makes this world humane」(一滴のインクが、モノクロの世界に彩を取り戻す)というヴィジョンを掲げ、「利便性や効率化を求めて生み出された意思や意義のないテクノロジーによってモノクロになってしまった世界に、たった一滴の透明な滴を落とすことで、美しい世界を取り戻したい」と話されています。

これからの世界と、テクノロジーのあり方

2020年4月、新型コロナウイルスの流行と共に外出自粛規制が発動し、季節の移り変わりを感じづらくなっている人々へのギフトとして、「mui」ボードを通じたサービスを提供しました。力強く正確な情報技術ではなく、人々の心に寄り添う情報技術のデザインとその実装方法を探求する中、日本独自の季節を愛でる習慣である二十四節気に着目し、詩人の三角みづ紀氏に創作してもらった二十四節気ごとの詩を「mui」ボードで表示するというものです。「カレンダー」という客観的な情報体験ではなく、四季を読み、それを表現することで時を知るという、環境と人、そして人と人との心が通い合うような主観的体験へ導くアプローチです。

新型コロナウイルスと共生する「Withコロナ時代」は、オンライン中心の生活が基本になると言われています。家庭やワークプレイスは、益々、より居心地の良い場所へと改善されていくでしょう。

「建築物と自然との関係性」、家具や道具などの「モノと人との関係性」が、人の心のあり方や人と人の関係性、さらには、場自体の『気配』に大きな影響を果たすとしたら、人々は、気配を乱す現在のテクノロジーの在り方からは自ずと離れていくのではないでしょうか。

今後、人と人とが協力し合い、成長し合い、地球と調和した統合の世界を創っていくような「人間性回帰の時代」が再度見直されるならば、これまで暗黙知だった非合理性のようなものがテクノロジーの周辺にも求められていくのではないかと考えています。

三角みづ紀氏による二十四節気ごとの詩が表示される

　良い「気配」を促すテクノロジーのデザイン、それはつまり、人が、利便性や合理性を追求するテクノロジーに合わせていくのではなく、テクノロジーが、より人間らしい生活へと背中を押してくれるような、より自然と調和する生活を促す潤滑油のような存在として佇み、人が、日常の侘び寂び（それは季節の移ろいを慈しむ時間や人との会話を楽しむ時間など）に気づくような存在となるデザインを志しています。

　『穏やかなテクノロジー』── それは、テクノロジーが人々の自然な振る舞いや仕草の一部として浸透するまでに存在を意識しないテクノロジーのあり方をデザインする道。それをmui Labはこれからも模索し続けます。

カーム・テクノロジーのデザイン指標ツール

『カーム・テクノロジー』を出版してから、私の元に、チェックリストのような
もっと数値化できるツールを作ってほしいという声が次々と寄せられるように
なった。そこで実際に作ってMediumのブログに投稿すると*1、すぐ一番人気
の記事になった。だからここで、穏やかなデザインの原則の一種のおさらいとし
て、そのツールを紹介したいと思う。カーム・テクノロジーのアイデアを網羅し
たリストではないので、そこは注意してほしいのだが、それでもチームのメンバー
と話し合いを始めるきっかけにはなるはずだ。

　優れたプロダクトの製作は、作り手にとって大きな責任で、それがユーザーの
生死を分けるプロダクトならなおさらだ。結果は穏やかでも、人間を中心にした
カーム・プロダクトをデザインするには、デザイナーだけでなくチームの全員が、
強い意欲を持って完璧を目指す必要がある。

　どのプロダクトにも、考えるべき固有のポイントがある一方で、ほとんどのプ
ロダクトに当てはまる明確な原則もある。まずは、これから紹介するカーム・デ
ザインに関する質問に回答してほしい。

指標ツールの使い方

　最初の持ち点を100点として、これから紹介する各カテゴリの質問について、
答えがイエスなら横に書いてある点数を足す、もしくは引いていってほしい。質
問がうまくプロダクトに当てはまらない場合は、そのカテゴリは飛ばして構わな
い。その後、p196に記載しているそれぞれの得点表を元に、A〜Eまでの評価
を確認しよう。

---

*1　　*https://medium.com/@caseorganic/is-your-product-designed-to-be-calm-cdde5039cca5*

ユーザー体験

● そのプロダクトは……

安定したインターフェースを持ち、よく使うアイテムをインターフェースのトップにまとめている。	+5点
よく使う機能を1クリックで起動できる。	+5点
お気に入りを設定してよく見える位置に表示する機能がある。	+5点
よく使う機能を起動するのに3クリック以上が必要だ。	-20点
目的にたどり着くまでに2クリックが必要だ。	-20点
使う前にソフトウェアのアップデートが必要になることがよくある。	-30点
画面にまぶしいブルーではなく、目に優しい色（緑やオレンジ）を使っている。	+10点
物理的なボタンがある。	+10点
時間帯によって明るさや色が変わる。	+10点
ユーザーが文字サイズを変更できる。	+5点
フィッツの法則*2のアクセシビリティのガイドラインに従っている。	+10点
通知のスタイル（音から振動へ、あるいはミュートなど）をユーザーが変更できる。	+10点
色覚異常の人のための仕組みがある。	+5点
動画に字幕を付けることができる。	+5点
合計	

---

*2 「フィッツの法則」については、次のサイトを参照　*https://ja.wikipedia.org/wiki/*フィッツの法則

通知と表示

● そのプロダクトは……

ユーザーが登録する際に、デフォルトですべての通知を送るように設定されている。	-15点
ユーザーが登録する際に、どの通知スタイルを希望するかを尋ねている。	+5点
設定をオフにはできるが、アラートをどれもデフォルトで出している。	-10点
通知は極めて重要なものを除き、デフォルトでは一切出さない。	+15点
通知は極めて重要なものを除き、デフォルトでは一切出さないが、ユーザーのほうで1つずつオンとオフを切り替えられる。	+10点
邪魔の入らないセーフモードがある。	+15点
通知を一括でオフにできる。	+10点
1クリックで起動できるナイトモードがある。	+5点
ナイトモードの起動に複数クリックが必要だ。	-5点
表示に緑やオレンジのランプを使っている。	+5点
表示にまぶしいブルーのランプを使っている。	-20点
触れるたびにビープ音が鳴る。	-5点
耳に優しいビープ音ではなく、2キロヘルツから5キロヘルツの音を使っている。	-10点
ビープ音をオフにできない。	-5点
オフにできる振動を通知に使っている。	+15点
合計	

プライバシー

●そのプロダクトは……

ユーザーの位置を特定してサーバに情報を送っている。	-10点
デフォルトでユーザーのデータを第三者と共有している。	-10点
共有したいデータをユーザーのほうで決められる。	+10点
ユーザーに明示的に許可を求めず、自動的にアドレス帳からデータを吸い出している。	-30点
ユーザーのデータを第三者に売っている。	-20点
平易な言葉で書いたプライバシーポリシーがある。	+15点
ユーザーの許可なく顔認証を行っている。	-20点
匿名モードを用意している。	+5点
ユーザーのデータをすべて保管していて、アプリが消滅する際も ユーザーは預けたデータを引き出せない。	-20点
ユーザーにデータの所有権があり、必要であればデータをエクスポートできる。	+10点
どんなデータをいつ、どこで、なぜ収集しているかをユーザーに知らせ、 必要であればユーザーがデータを削除できる。	+10点
ログイン情報をプレーンテキストでサーバに保管している。	-20点
パスワードに文字と数字、特殊文字を使うよう求めている。	+5点
強力なパスワードを使うようユーザーにうながし、例を示している。	+5点
本人確認に2要素認証を採用している。	+5点
合計	

時間の尊重

● そのプロダクトは……

デバイスを何分くらい見ているか、物理的なプロダクトなら どのくらい使っているかをユーザーが確認できる (印刷枚数が確認できるプリンター、 シャッターを切った回数が表示されるカメラ、稼働時間がわかる掃除機など)。	+10点
ユーザーが活動を中断できる (メール受信の一時中断など)。	+15点
アプリを使うのを一時的にやめることができる。	+15点
1クリックで返信できる。	+5点
自動入力補完の機能がある。	+5点
ユーザーに厳密なアクションや文言、コマンドの入力を求めるのではなく、 機械の側で反応や行動、コマンドをいくつか提案してくれる。	+10点
プロダクトを使いながら同時にほかのこともできる。	+10点
情報を伝える際、会話などユーザーの他者との交流を妨げない (音声を使うアプリなら、文章をフルでしゃべるのではなく、トーンを使っている)。	+15点
ほんの一瞬しか使っていないのに、アプリを評価するよう求める。	-40点
ダイアログボックス内やアプリ内で、簡単にアラートをスヌーズしたり、 通知を切ったりできる。	+30点
ウェブサイトやアプリが、アプリをダウンロードしたり、バナーや ポップアップメッセージの中身を確認したりするよう、ユーザーを誘導している。 もしくは多くのコンテンツを見るのにサインインが求められる。	-30点
インターフェースは使っていないときは消える、もしくは背景に溶け込むが、やりと りが始まった瞬間にまたすぐ表示される。	+10点
合計	

カスタマーサポートと失敗

●そのプロダクトは……

情報の重要度に応じた複数タイプの通知方法を用意している。	+5点
特定のタイプの通知だけ無視するという選択肢がユーザーにある。	+5点
明るい場所（太陽の下など）でコントラストを変更できる。	+5点
ユーザー体験を自分なりにカスタマイズできる。	+5点
不必要なステップをスキップしたり、クリックで飛ばしたりできる。	+5点
ショートメッセージ（SMS）やチャットでの、 自動でチケットが生成されるカスタマーサポートシステムがある。	+5点
ショートメッセージ、よくある質問の回答、メール、チャット、電話など、 複数のカスタマーサポートを用意している。	+5点
データベース内に回答が見つからなかった場合、チャットボット（システムによる 自動回答）から人間のスタッフによるサポートに切り替わる。	+10点
ユーザーが望めば人間のサポートスタッフが対応する。その際は、 アカウントやデバイスに関する詳しい情報をスタッフに自動で送信することもできる。	+5点
ロードに時間のかかるプロダクトの場合、「低速通信モード」がある。	+20点
オフラインモードがあり、そのモードでも状態を保存したり、 機能をすべて使ったりできる。	+10点
インターネットに接続しなくても一部の機能を使える。	+5点
サーバがダウンした場合やデータの送受信、ウェブ接続が遅い場合、あるいは バッテリー残量が少ない場合でも、プロダクトやアプリがなんらかのかたちで機能する。	+20点
合計	

● 「ユーザー体験」得点表

A 150-180点 文句なし。かなり穏やかなプロダクトを作り、ユーザーのプロダクトの使い方や、テクノロジーとの触れ合い方を多角的に考慮できている。

B 120-150点 すばらしい。時間があったら、これらの要素をプロダクトやサービスに組み込むことを考えてみてほしい。

C 90-120点 プロダクトやサービスについて、再考すべき部分はあるが、全体にはまずまず。もっと穏やかなプロダクトにできるチャンスがあれば、これらの要素を検討してほしい。

D 60-90点 プロダクトのデザインに関する考え方を見直したほうがいい。質問の中で、一番点数が減ったものを抜き出し、変更できないか検討してほしい。

E 60点未満 これらの質問に注目しながら、プロダクトやサービスのデザインをやり直そう。顧客も、投資家も、コミュニティもそのことに感謝するはずだ。

● 「通知と表示」得点表

A 150-180点 文句なし。かなり穏やかなプロダクトを作り、ユーザーのプロダクトの使い方や、テクノロジーとの触れ合い方を多角的に考慮できている。

B 120-150点 すばらしい。時間があったら、これらの要素をプロダクトやサービスに組み込むことを考えてみてほしい。

C 90-120点 プロダクトやサービスについて、再考すべき部分はあるが、全体にはまずまず。もっと穏やかなプロダクトにできるチャンスがあれば、これらの要素を検討してほしい。

D 60-90点 プロダクトのデザインに関する考え方を見直したほうがいい。質問の中で、一番点数が減ったものを抜き出し、変更できないか検討してほしい。

E 60点未満 これらの質問に注目しながら、プロダクトやサービスのデザインをやり直そう。顧客も、投資家も、コミュニティもそのことに感謝するはずだ。

●「プライバシー」得点表

A　140-165点　文句なし。かなり穏やかなプロダクトを作り、ユーザーのプロダクトの使い方や、テクノロジーとの触れ合い方を多角的に考慮できている。

B　100-140点　すばらしい。時間があったら、これらの要素をプロダクトやサービスに組み込むことを考えてみてほしい。プライバシーやセキュリティは、世界のつながりが深まる中で、重要になる一方のはずだ。

C　70-100点　プロダクトやサービスについて、再考すべき部分があり、顧客や会社を危険にさらしている可能性がある。もっと安全で安心、プライバシーを考慮したプロダクトにできるチャンスがあれば、これらの要素を検討してほしい。

D　40-70点　プロダクトのデザインに関する考え方を見直したほうがいい。質問の中で一番点数が減ったものを抜き出し、変更できないか検討してほしい。

E　40点未満　これらの質問に注目しながら、プロダクトやサービスのデザインをやり直そう。顧客も、投資家も、コミュニティもそのことに感謝するはずだ。

●「時間の尊重」得点表

A　170-225点　文句なし。かなり穏やかなプロダクトを作り、ユーザーのプロダクトの使い方や、テクノロジーとの触れ合い方を多角的に考慮できている。

B　130-170点　すばらしい。ユーザーの時間を尊重できている。

C　70-130点　プロダクトやサービスについて、再考すべき部分があり、ユーザーを邪魔している可能性がある。デザインに関する判断を見直してみよう。

D　40-70点　プロダクトのデザインに関する考え方を見直したほうがいい。質問の中で一番点数が減ったものを抜き出し、変更できないか検討してほしい。

E　40点未満　これらの質問に注目しながら、プロダクトやサービスのデザインをやり直そう。顧客も、投資家も、コミュニティもそのことに感謝するはずだ。

● 「カスタマーサポートと失敗」得点表

A	**170-205点**	文句なし。かなり穏やかなプロダクトを作り、ユーザーのプロダクトの使い方や、テクノロジーとの触れ合い方を多角的に考慮できている。
B	**130-170点**	すばらしい。ユーザーの時間を尊重できている。
C	**70-130点**	プロダクトやサービスについて、再考すべき部分があり、ユーザーを邪魔している可能性がある。デザインに関する判断を見直してみよう。
D	**40-70点**	プロダクトのデザインに関する考え方を見直したほうがいい。質問の中で一番点数が減ったものを抜き出し、変更できないか検討してほしい。
E	**40点未満**	これらの質問に注目しながら、プロダクトやサービスのデザインをやり直そう。顧客も、投資家も、コミュニティもそのことに感謝するはずだ。

最終カームスコアを計算する

　回答が終わったら、各カテゴリのA〜Eまでの評価を下のボックスに書き込もう。ほとんどのプロダクトは、あるカテゴリでは高得点だが、別のカテゴリでは点数が振るわないということになるはずだ。優れたユーザー体験を提供することで高い評価を受けているプロダクトは多いが、そうしたものでもきっと課題が見つかるだろう。カテゴリごとに点数を付けるのは、全体を見渡して改善点をあぶり出すためだ。

● 評価確認表

ユーザー体験	
通知と表示	
プライバシー	
時間の尊重	
カスタマーサポートと失敗	

AとB	ほとんどの項目でAを取れたなら、おめでとう！　自身のデザインのアプローチについて、ブログを書いてみんなと情報を共有することを考えてみてほしい。あなたの方法論は、ほかの人のプロダクト開発の道しるべになるはずだ。
C	プロダクトやサービスについて、Cが付いた項目があったなら、その部分を強化するデザインのプロセスを考えてみてほしい。
DとE	DやEが付いた項目に関しては、リサーチやその部分の再構成、作り直しを考えてみてほしい。会議やワークショップ、トレーニングに参加して、自分のプロダクトに合った指針や手法を見つけ出すのもいいだろう。

最も改善が必要なエリア

☐ ユーザー体験

☐ 通知と表示

☐ プライバシー

☐ 時間の尊重

☐ カスタマーサポートと失敗

具体的なプロダクトの改善点

〈著者プロフィール〉

アンバー・ケース ｜ Amber Case

サイボーグ人類学者にしてUXデザイナー。シンボルを使った人とコンピュータのインタラクションと、新しいテクノロジーがかたちづくっていく人間の価値観と文化を研究している。2012年にESRI社の傘下に入ったロケーションベースのソフトウェア企業、Geoloqi社の共同創業者で、CEOも務めた。

〈監修者プロフィール〉

mui Lab

伝統と技術の融合する街、京都をベースに、人に寄り添うテクノロジーをグローバルに発信するスタートアップ企業。「無為自然」をデザインコンセプトの中心に据え、テクノロジーが穏やかに人の生活に佇む未来を目指しながら、UI/UXデザインと、実装のための技術開発を行っている。

Calm Technology

カーム・テクノロジー
生活に溶け込む情報技術のデザイン

2020年7月14日　初版第1刷発行

著者　　　アンバー・ケース (Amber Case)
翻訳　　　高崎拓哉
監修　　　mui Lab

翻訳協力　　　　　　株式会社トランネット (https://www.trannet.co.jp)
版権コーディネート　株式会社日本ユニ・エージェンシー
日本語版デザイン　　waonica
編集　　　　　　　　伊藤千紗、村田純一

印刷・製本　日経印刷株式会社

発行人　　上原哲郎

発行所　株式会社ビー・エヌ・エヌ新社
〒150-0022 東京都渋谷区恵比寿南一丁目20番6号
FAX：03-5725-1511　E-mail：info@bnn.co.jp
www.bnn.co.jp